基于纠错码的身份认证和数字签名算法研究

叶君耀　著

東北大學出版社
Northeastern University Press
·沈 阳·

图书在版编目（CIP）数据

基于纠错码的身份认证和数字签名算法研究 / 叶君耀著. -- 沈阳：东北大学出版社，2022.2
ISBN 978-7-5517-2945-1

Ⅰ. ①基… Ⅱ. ①叶… Ⅲ. ①电子签名技术—研究 Ⅳ. ①TN918.912

中国版本图书馆 CIP 数据核字（2022）第 039362 号

出 版 者：东北大学出版社
地址：沈阳市和平区文化路三号巷 11 号
邮编：110819
电话：024-83687331（市场部） 83680267（总编室）
传真：024-83680180（市场部） 83680265（社务部）
网址：http：//www.neupress.com
E-mail：neuph@neupress.com
印 刷 者：广东虎彩云印刷有限公司
发 行 者：东北大学出版社
幅面尺寸：170 mm × 240 mm
印 张：7
字 数：120 千字
出版时间：2022 年 2 月第 1 版
印刷时间：2022 年 4 月第 1 次印刷
责任编辑：潘佳宁 责任校对：郎 坤
封面设计：嘉禾工作室 责任出版：唐敏志

ISBN 978-7-5517-2945-1 定 价：88.00 元

目　　录

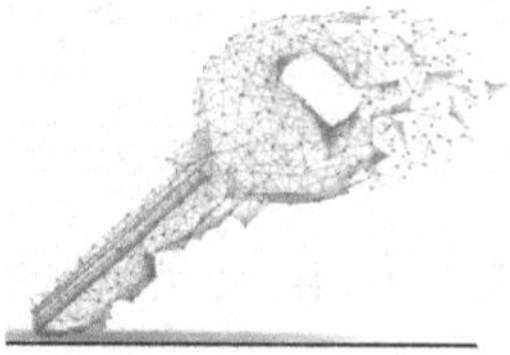

第1章 绪论

1.1 引 言

随着计算机技术和通信技术的发展，密码学已经应用到生活中的方方面面，用来保护我们的隐私。目前很多流行的交易，比如在线购物、安全的电子邮件、自动软件升级等，都可以通过密码学的方案来保证安全性。信息安全的目标有：保密性、可审查性、完整性、认证性、不可否认性以及可用性。为了获得上面的安全目标，可以采用一些传统的密码学工具，比如，加密方案、数字签名方案、身份认证方案。密码可以分为对称密码（也称为单钥密码）和非对称密码（也称为公钥密码），对称密码中发送方和接收方都拥有同样的一个密钥，非对称密码中，每一个用户都有一对公、私密钥对，公钥对外公开，私钥自己保留。公钥密码比单钥密码所具有的优势就是不需要通过秘密信道来交换密钥。

当前，公钥密码学主要基于两大数论困难问题：第一个是基于大整数因子分解的困难性，比如著名的 RSA 算法[1]；第二个是基于离散对数问题的困难性，比如著名的 DSA 算法[2]。

自从 1994 年，Peter Shor 等人[3,4]在量子计算机中使用多项式时间的算法解决了大整数因子分解和离散对数问题，量子计算就引起了人们广泛的注意。也就是说，量子计算机将使所有广泛使用的公钥密码方案变得不安全。为了抵抗量子计算机的攻击，才有必要研究后量子密码学，以便将来量子计算机应用于实际生活中，我们也有安全的密码方案可以抵抗量子计算机的攻击[5]。目前，后量子密码学主要包括 4 个方面：①基于多变量的密码学；②基于格的密码学；③基于哈希函数的密码学；④基于纠错码的密码学。更多的有关后量子密码技术，可以参考 Bernstein 的著作[6]。后量子密码技术是一个新的快速发展的研究领域。2006 年 5 月 23—26 日，在比利时鲁汶举办了第一届后量子密码国际研讨会；2008 年 10 月 17—19 日，在美国辛辛那提举办了第二届后量子密码国际研讨会；2010 年 5 月 25—28 日，在德国达姆施塔特举办了第三届后量子密码国际研讨会；2011 年 11 月 29 日—12 月 2 日，在中国台北举办了第四届后量子密码国际研讨会；2013 年 6 月 4—7 日，在法国利摩日举办了第五届后量子密码国际研讨会；2014 年 10 月 1—3 日，在加拿大滑铁卢举办了第六届后量子密码国际研讨会；2016 年 2 月 24—26 日，在日本福冈举办了第七届后量子密码国际研讨会；2017 年 6 月 26—28 日，在荷兰乌得勒支举办了第八届后量子密码国际研讨会；第九届后量子密码国际研讨会于 2018 年 4 月在美国的佛罗里达举行。每次会议都收集了以上 4 类后量子密码算法的最新研究成果。

纠错码以及相关的数学理论称为编码理论，它最早出现在 20 世纪中期 Shannon 的文献《通信的数学理论》[7]中，它主要是处理信息在有噪信道中传输或诸如 CD、硬盘之类的不可靠的存储介质。第一篇关于纠错码的加密方案是 1978 年 McEliece 发表的 M 公钥[8]，自从这篇文章发表以来，基于纠错码的密码学引起了研究者极大的兴趣。同年，Berlekamp 和 McEliece 在文献[9]中证明了纠错码所基于的困难问题——校验子译码问题——是 NPC 问题。到目前为止，基于纠错码的密码方案主要包括以下几种类型：①公钥加密，最著名的有 M 公钥和 N 公钥[10]，李元兴等人在文献[11]中证明这两个方案具有同等的安全性；②签名方案，比较著名的有 CFS 签名[12]和 KKS 签名[13]；③身份认证方案，比较著名的有 Stern 方案[14]和 Veron 方案[15]；④其他一些方案，比如基于纠错码的 HASH[16]、基于纠错码的流密码[17]等。

身份认证是非常有用的，并且在很多应用中都是最基本的密码学工具，比如电子资金转账、在线系统防止非法用户访问都需要身份认证。这些身份认证方案都是交互式零知识证明[18]的典型应用。在零知识证明中，有两个实体，一个叫作证明者，另一个叫作验证者。证明者拥有一些秘密信息，能够让验证者相信他就是所声称的证明者，而不会把秘密信息泄露给验证者。零知识身份认证方案有特别的意义，因为可以通过 FS 准则[19]将零知识身份认证方案转换为安全的数字签名方案。

基于纠错码的身份认证方案除了可以抵抗量子攻击以外，还有其他一些特点。第一，与基于数论问题的身份认证方案相比，基于纠错码的身份认证方案速度比较快，并且易于实现，因为它们仅用到矩阵向量的乘法操作。第二，基于纠错码的身份认证方案所基于的困难问题是已被证明为 NPC 的校验子译码问题[9]。第三，攻击者攻击基于纠错码的身份认证方案的复杂度可以通过预期数量的二元操作来评估，而不是像基于格的密码系统那样渐进式地评估。

在 1993 年的美密会上，Stern[14] 提出了一种基于二元随机码的身份认证方案，至今仍然是这个领域重要的参考文献。Stern 方案是一种多轮交互式的零知识身份认证算法，每一轮在 Prover 和 Verifier 之间进行 3 步交互，对于一个欺骗者，能够成功欺骗 Verifier 的概率为2/3。不幸的是，这个方案具有比较高的通信复杂度，为了达到某一个指定的安全性，它必须重复执行很多次；另一个缺点是，该方案的公钥比较大。为了达到2^{80}攻击强度，欺骗者欺骗成功的概率小于2^{-16}，这是 ISO/IEC-9798-5 标准中所规定的比较弱的认证级别，此时，Stern 方案中公钥的大小为 15KB，通信复杂度超过 5KB。

1.2 国内外研究现状

1.2.1 基于纠错码的身份认证

身份认证方案主要应用于访问控制的场景，它允许一个实体通过不安全的信道向另一个实体证明它的身份，而不会泄露任何有用的信息。一个身份认证方案就是在两个实体之间进行一系列的消息交换，这两个实体分别称为证明者和验证者。身份认证方案应满足的最小安全性是，有主动攻击者观察到证明者和验证者之间的交互过程，但是攻击者也不能够成功模仿证明者来和验证者进行交互。

自从著名的 FS 准则[19] 问世以来，就出现了很多安全的身份认证方案，例如文献[20-24]。这些方案都是基于数论困难问题，所需要的乘法和指数操作的开销是相当大的。另一个潜在的威胁是，量子计算机有多项式时间的算法可以求解这些方案所基于的困难问题。

1978年，McEliece发表了第一篇有关基于纠错码的加密方案的论文[8]，该方案基于二元不可归约Goppa码，其的安全性可以归约到两个NPC问题：SD问题和GD问题[9,25]。之后就有很多研究者尝试建立安全的身份认证方案。第一个基于纠错码的身份认证方案是1989年Harari[26]构建的，可惜的是，Veron在文献[27]中证明该方案是不安全的。第二个基于纠错码的身份认证方案[28]是Stern提出的，但是该方案的效率太低。1990年，Girault提出的身份认证方案[29]，在文献[30]中证明为不安全的。最后，第一个有效并且安全的身份认证方案是Stern在1993年的美密会（CRYPTO）上提出的，至今仍然是这个领域的重要参考文献。Stern方案是一种多轮交互的零知识认证算法，每一轮中需要在Prover和Verifier之间进行3步交互，每一轮欺骗者可以以2/3的概率欺骗成功。1996年，Veron对Stern方案进行了改进，与Stern方案相比，该方案减少了通信复杂度，但增加了公钥的大小。Stern方案和Veron方案都是基于同一个困难问题，这两个方案速度都比较快，也都易于实现，它们也都可以通过FS准则转换成数字签名方案。但是，这两个方案都有以下两个重要的缺点：①在这两个方案中，每一轮交互欺骗者可以以2/3的概率欺骗成功，而在Fiat-Shamir的身份认证协议中，该概率只有1/2，如果想让欺骗成功的概率小于2^{-16}，这些方案必须运行28轮以上；②公钥非常大，达15KB。

由于Stern方案的公钥太大，主要还是由于矩阵的存储引起的，因此Gaborit等人在文献[31]中采用双循环矩阵对Stern方案进行了改进，这样公钥就大大减小了。2010年Cayrel等人在文献[32]中对Stern和Veron方案进行了改进，提出了一种基于纠错码的5步交互式零知识认证协议，该方案中每一轮欺骗者攻击成功的概率为 1/2，并且公钥由 15KB 减为 4KB。该方案是定义在 q 元有限域F_q上的，所基于的困难问题为 qSD 问题。

下面简单介绍下最常用的两个方案：Stern 方案和 Veron 方案。

1.2.2 Stern 方案

Stern 方案中使用 $r \times n$ 的校验矩阵 $\boldsymbol{H}$，是所有证明者的公共矩阵。如果 $\boldsymbol{H}$ 是随机选择的，它作为线性码［n，k，ω］的校验矩阵将提供渐近的比较好的最小距离，接近 GV 距离。证明者的私钥是长度为 n 的向量 $\boldsymbol{s}$，向量 $\boldsymbol{s}$ 的重量 wt（s）$=\omega$（$\omega \approx$GV 距离）。公钥为向量 $\boldsymbol{s}$ 的校验子 $i = \boldsymbol{H}\,\mathbf{s}^{\mathrm{T}}$。在 Stern 方案的每一轮协议中，证明者向验证者证明他拥有私钥 $\boldsymbol{s}$，而不会泄露私钥 $\boldsymbol{s}$ 的有关信息。每一轮中，证明者都要随机选择一个置换和一个向量。每一轮，欺骗者有 2/3 的概率可以欺骗验证者，因此，这个协议必须运行多轮，才能满足一定的安全性。比如，按照 ISO/IEC-9798-5 的标准，为达到低认证级别 2^{-16}，协议需要运行 28 轮；为了达到强认证级别 2^{-32}，协议需要运行 56 轮。这个方案所基于的困难问题是 SD 译码问题。Stern 方案主要包括两部分：密钥生成算法（算法 1-1）和身份认证算法（算法 1-2）。

算法 1-1 Stern 密钥生成算法

密钥生成算法：

k 为系统安全参数

选择 n，r，ω，使得 WF_{ISD}（n，r，ω，2）$\geqslant 2^{\kappa}$

$\boldsymbol{H} \xleftarrow{\$} \boldsymbol{F}_2^{r \times n}$

$\boldsymbol{s} \xleftarrow{\$} \boldsymbol{F}_2^n$，满足 wt（$\boldsymbol{s}$）$=\omega$

$i \leftarrow \boldsymbol{H}\boldsymbol{s}^{\mathrm{T}}$ 输出密钥对（sk，pk）$=$（$\boldsymbol{s}$，（i，$\boldsymbol{H}$，ω））

算法 1-2 Stern 身份认证算法

证明者 ρ　　　　　　验证者 ν

密钥生成算法产生（sk，pk）$=$（$\boldsymbol{s}$，（i，$\boldsymbol{H}$，ω））

h 为公共哈希函数

随机选择置换 σ、向量 $\boldsymbol{y} \in \boldsymbol{F}_2^n$

$c_1 = h$（$\sigma \mid \boldsymbol{H}\boldsymbol{y}^{\mathrm{T}}$）

$c_2 = h$（σ（y））

$c_3 = h$（σ（$y \oplus s$））　　$\xrightarrow{c_1,\ c_2,\ c_3}$

$\xleftarrow{\text{挑战 } b}$　　$b \rightarrow \{0, 1, 2\}$

如果 $b=0$　　$\xrightarrow{\boldsymbol{y},\ \sigma}$　　验证 c_1，c_2

如果 $b=1$　　$\xrightarrow{(\boldsymbol{y} \oplus \boldsymbol{s}),\ \sigma}$　　验证 c_1，c_3，ν 验证 c_1 时通过 $\boldsymbol{H}\boldsymbol{y}^{\mathrm{T}} = \boldsymbol{H}(\boldsymbol{y} \oplus \boldsymbol{s})^{\mathrm{T}} \oplus i$

如果 $b=2$　　$\xrightarrow{\sigma(\boldsymbol{y}),\ \sigma(\boldsymbol{s})}$　　验证 c_2，c_3，并且验证 wt（s）是否为 ω

1.2.3 Veron 方案

1997 年，Veron[15]通过生成矩阵重新构造了 Stern 的身份认证方案，Veron 身份认证方案是基于 GSD 困难问题。在这个方案中，证明者所拥有的私钥为(e, x)，公钥为 $y=\boldsymbol{xG} \oplus e$，$e$ 是长度为 n、重量为 ω 的随机向量，x 是长度为 k 的随机向量。与 Stern 方案相比，Veron 方案的通信复杂度略有降低，但是增加了公钥大小。与 Stern 方案一样，Veron 方案中每一轮都随机选择一个置换和向量。Veron 方案也是一个多轮交互的零知识身份认证协议，每一轮，欺骗者有 2/3 的概率可以欺骗验证者。Veron 方案主要包括两部分：密钥生成算法（算法 1-3）和身份认证算法（算法 1-4）。

算法 1-3　Veron **密钥生成算法**
密钥生成算法： k 为系统安全参数 选择 n，k，ω，使得 $WF_{\mathrm{ISD}}(n, k, \omega, 2) \geqslant 2^{\kappa}$ 　　$\boldsymbol{G} \xleftarrow{\$} F_2^{r \times n}$ 　　$(\boldsymbol{x}, \boldsymbol{e}) \xleftarrow{\$} \boldsymbol{F}_2^k \times \boldsymbol{F}_2^n$，满足 $wt(\boldsymbol{e})=\omega$ 　　$y \leftarrow \boldsymbol{xG} \oplus \boldsymbol{e}$ 　　输出密钥对 $(sk, pk) = ((\boldsymbol{x}, \boldsymbol{e}, (\boldsymbol{y}, \boldsymbol{G}, \boldsymbol{\omega}))$

算法 1-4 Veron 身份认证算法

$c_1 = h(\sigma)$

$c_2 = h(\sigma(\boldsymbol{u} \oplus \boldsymbol{x})\boldsymbol{G})$

$c_3 = h(\sigma(\boldsymbol{uG} \oplus \boldsymbol{y}))$ —— c_1, c_2, c_3 →

← 挑战 b —— $b \to \{0, 1, 2\}$

$\sigma, (\boldsymbol{u} \oplus \boldsymbol{x})$ → 验证 c_1, c_2

$\sigma((\boldsymbol{u} \oplus \boldsymbol{x})\boldsymbol{G}), \sigma(\boldsymbol{e})$ → $((\boldsymbol{u} \oplus \boldsymbol{x})\boldsymbol{G}) \oplus \sigma(\boldsymbol{e}) = \sigma\sigma(\boldsymbol{uG} \oplus \boldsymbol{y})$ 验证 c_1, c_3

验证 c_2，c_3，验证 $wt(\sigma(\boldsymbol{e}))$ 是否为 ω，验证 c_3 时通过

σ，u → 验证 c_1，c_3

1.2.4 基于纠错码的数字签名方案

数字签名方案是最常用的密码学方案之一，它在网络安全中有重要的应用，包括匿名性、数据完整性、不可否认性和身份认证。但是，量子计算机对传统的数字签名方案产生了极大的威胁，传统的签名方案的安全性基于数学上的困难问题，比如大数分解、离散对数问题，等等，这些问题在量子计算机中都可以在多项式时间内求解[3]。而基于纠错码校验子译码问题的数字签名方案，可以抵抗量子计算机的攻击，因此，很有必要研究基于纠错码的数字签名方案。这种类型的数字签名方案，其安全性是基于校验子译码问题，即 *SD* 问题，该问题被 *Berlekamp*[7] 等人证明为 *NPC* 问题。

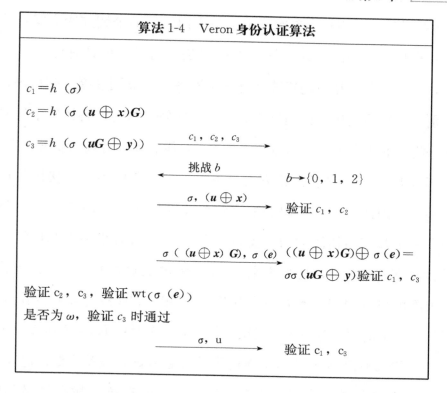

1978年，*McEliece*[8]首次提出了基于纠错码的公钥加密方案，该方案的安全性基于*SD*问题。其基本思想是，选择一种具有译码算法的*Goppa*码[33]，然后用可逆矩阵和置换矩阵将*Goppa*码变换为随机码，这样，别人看到的就是一种随机码。*McEliece*公钥加密方案经历了很多密码学分析者的攻击[34,35]，到目前为止，还是没有找到有效的攻击算法。

因为*McEliece*公钥加密方案是不可逆的，所以不能直接用于设计数字签名，因此基于纠错码的数字签名方案比较少。1990年，王新梅提出了一类基于纠错码的数字签名体制[36]，之后有很多人利用线性码来设计数字签名方案，比如方案[37-39]都被证明为不安全，关于数字签名方案的可证明安全的方法可参考文献[40] 和文献 [41]。然而，研究者认为以下的两个方案仍然是安全的。第一个是由*Kabatisansky Krout Smeets*[13]在1997年提出的基于随机码的签名方案，但是文献[42]认为：一个主动的攻击者截获到一些签名以后，可以有效地找到签名私钥。第二个方案是由*Courtois Finiasz Sendrier*[12]在2001年提出第一个可证明安全的基于纠错码的签名方案，其安全性证明由*Dallot*在其2007年的文献[43]中进行了阐述，将*CFS*方案的安全性归约到*SD*问题和*Goppa*码的不可区分性。然而在2010年，*Faugere*等人在文献[44]中指出：具有高码率的*Goppa*码和随机码是可区分的。这样就导致了*Dallot*的证明是无效的。2012年，文献[40]针对这个问题，证明了*CFS*签名方案对于选择消息攻击是存在性不可伪造。

基于纠错码的具有特殊性质的高级数字签名方案[45]，比如盲签名、环签名、群签名、基于身份的数字签名，大部分都是基于*CFS*签名方案[12]，本书将在后面进行详细的介绍。

1.2.4.1 构造基于纠错码数字签名方案的方法

基于纠错码的数字签名体制可以通过3种方法来构造。

①签名者拥有私钥，通过对校验子空间的一个随机校验子进行译码，得到的结果作为数字签名。基于这种思想最好的方案是由 *Courtois Finiasz Sendrier*[12]提出的，在 *CFS* 方案中，平均尝试 t！次译码，就可得到一个有效的签名。

②将零知识身份认证算法，通过 *Fiat-Shamir* 准则[19]转换成数字签名算法。这种方法的缺点是签名的长度很长，比较有名的有 *Stern* 身份认证方案[14]和 *Veron* 身份认证方案[15]。

③构建校验子空间的一个特殊子集合，使得签名者能够进行可逆操作。这种思想最早是由 *Kabatisansky Krout Smeets*[13]提出的，但 *KKS* 方案缺少安全性证明。这是一种最一般的构造方法，后面提到的 *BMS* 方案[46]和 *GS* 方案[47]也是基于这种方法来构建。

1.2.4.2 数字签名方案的改进

（1）*QD* 准二元 *CFS* 方案

由于 *CFS* 方案要求太大的存储空间，*Barreto* 等人[48]提出一种改进的 *CFS* 签名方案，采用 *QD*（*Quasi-Dyadic*）*Goppa* 码来代替原始方案中的标准 *Goppa* 码。采用了 *QD* 结构以后，可以减少密钥的大小，提高了计算速度，但是该方案可译码校验子的尝试次数是原方案的2倍。

（2）并行 *CFS* 方案

为了抵抗文献[34]所描述的 *Bleichenbacher* 攻击，原始 *CFS* 方案中的 m 或 t 两个参数中，有一个必须增加，才能保证有足够的安全性，公钥大小是 m 的指数级函数，签名花销是 t 的指数级函数，就相当于要增加公钥大小或增加签名花销来保证安全性。

2010 年，*Finiasz* 在文献[49]中采用并行 *CFS* 来提高方案的安全性，而尽量保持参数尽可能小。并行 *CFS* 方案的主要思想是：对同一个消息，使用两个不同的哈希函数，同时产生两个 *CFS* 签名。在这种情况下，攻击者必须对同一个消息产生两个伪造，这样就使得译码攻击更加困难。

(3) 一次性签名方案（*OTS*）

在 2011 年，*Barreto* 等人提出了基于校验子译码的一次性签名方案 *BMS*[46]。该方案是 *KKS* 签名方案[13]的变形，结合了 *Schnorr* 方案[50]和 *KKS* 方案[13]的思想。该方案引入了哈希（*HASH*）函数，并在签名中加入了错误向量。该方案不需要基于某一种具体的码，而是一般的线性码就可以，并且证明了在 *RO* 模型下对于一次性选择消息攻击的存在性不可伪造。

2012 年，*Gaborit* 和 *Schrek* 提出了基于特殊码的一次性签名方案 *GS*[47]，该特殊码具有同态群结构，这样可以减少公钥的大小。*GS* 方案通过一个给定的校验子，通过组合属性来构造一些可译码的校验子。这个方案在公钥大小和签名长度上做了均衡，与 *KKS* 方案以及 *BMS* 方案相比，减少了公钥大小，增加了签名长度。

1.2.4.3 CFS 签名和 KKS 签名

(1) *CFS* 签名

传统的 *RSA* 算法，其加解密过程是可逆的，然而 *McEliece* 加密方案和 *Niederreiter* 加密方案，比如把随机的字 $\boldsymbol{x} \in \boldsymbol{F}_2^n$，加密成 $\boldsymbol{y}$，$\boldsymbol{y}$ 不一定是可译码的。那是因为，如果 $\boldsymbol{y}$ 和码字之间的距离大于这个码的

纠错能力，$\boldsymbol{y}$ 就不能正确地译码。为了克服这个问题，Courtois Finiasz 和 Sendrier（CFS）[12]提议了一种方法，叫作完备译码，这种方法能够提高码的纠码能力，可以以很高的概率把任意一个 y 译成与 y 汉明距离最小的码字。

CFS 签名方案中采用的是 Goppa 码[51]，对于给定的整数 m 和 t，二元 Goppa 码的长度 $n=2^m$，维数 $k=n-mt$，Goppa 码的纠错能力为 t。CFS 签名方案就是找到合适的参数 n，k 和 t，使得算法 1-5 中所描述的 Niederreiter 公钥加密方案是可逆的。

算法 1-5　Niederreiter 公钥加密方案
①密钥生成 ➢ 选择 $\boldsymbol{F}_q$ 上的（n，k）Goppa 码 C，具有有效的译码算法 $\boldsymbol{Y}$ ➢ 构造 Goppa 码 C 的（$n-k$）×n 的校验矩阵 $\boldsymbol{H}_0$ ➢ 随机选择 $\boldsymbol{F}_q$ 上的（$n-k$）×（$n-k$）的可逆矩阵 $\boldsymbol{N}$ ➢ 随机选择 $\boldsymbol{F}_q$ 上的 $n\times n$ 的置换矩阵 $\boldsymbol{P}$ ➢ 公钥为：$\boldsymbol{H}=\boldsymbol{N}\boldsymbol{H}_0\boldsymbol{P}$ ➢ 私钥为：（$\boldsymbol{N}$，$\boldsymbol{H}_0$，$\boldsymbol{P}$，$\boldsymbol{Y}$） ②加密过程 加密：待加密的消息 $\boldsymbol{x}\in\boldsymbol{F}_q^n$，具有重量 t ➢ $\boldsymbol{y}=\boldsymbol{H}\boldsymbol{x}^{\mathrm{T}}$ ③解密过程 解密：待解密的密文 $\boldsymbol{y}\in\boldsymbol{F}_q^{n-k}$，满足 $\boldsymbol{y}=\boldsymbol{H}\boldsymbol{x}^{\mathrm{T}}$ ➢ 计算 $\boldsymbol{N}^{-1}\boldsymbol{y}=\boldsymbol{H}_0\boldsymbol{P}\boldsymbol{x}^{\mathrm{T}}$ ➢ 通过有效译码算法 $\boldsymbol{Y}$ 从 $\boldsymbol{N}^{-1}\boldsymbol{y}$ 中译出 $\boldsymbol{P}\boldsymbol{x}^{\mathrm{T}}$ ➢ 最后通过 $\boldsymbol{P}^{-1}$ 乘以 $\boldsymbol{P}\boldsymbol{x}^{\mathrm{T}}$ 得到 $\boldsymbol{x}$

CFS签名方案如算法1-6所描述的那样，先通过对消息 m 进行哈希运算，得到一个校验子，然后对校验子进行译码，然而，对于长度 $n=2^m$，具有纠错能力 t 的Goppa码，平均 $t!$ 个校验子中有一个是可译码的。在算法1-6中，在消息后面增加了一个计数器，如果得到的校验子不可译码，就增加计数器的值，直到得到的校验子是可译码的。最后的签名包括校验子所对应的包含 t 个错误的错误向量和计数器值。

算法1-6　CFS签名算法

①密钥产生

- 随机选择 (n, k) Goppa码 C 具有纠错能力 t，并且具有有效的译码算法 $\boldsymbol{Y}$
- 随机选择 (n, k) Goppa码 C 的校验矩阵 $\boldsymbol{H}_0$
- 选择一个公开的安全哈希函数：h：$\{0, 1\}^* \longrightarrow \boldsymbol{F}_2^{n-k}$
- 随机选择 $\boldsymbol{F}_2$ 上的 $(n-k)\times(n-k)$ 的可逆矩阵 $\boldsymbol{N}$
- 随机选择 $\boldsymbol{F}_2$ 上的 $n\times n$ 的置换矩阵 $\boldsymbol{P}$
- 公钥为：$[\boldsymbol{H}=\boldsymbol{N}\boldsymbol{H}_0\boldsymbol{P}, t, h]$
- 私钥为：$[\boldsymbol{N}, \boldsymbol{H}_0, \boldsymbol{P}, \boldsymbol{Y}]$

②签名

待签名的消息为 m

- (a) $i \leftarrow i+1$
- (b) $x'=Y(N^{-1}h(h(m)||i))$
- (c) 如果 x' 找不到，跳转到 (a)
- 输出签名 $(i, \boldsymbol{P}^{-1}x')$

③验证

- 计算 $s'=\boldsymbol{H}x^{\mathrm{T}}$，计算 $s=h(h(m)||i)$
- 如果 $s=s'$，则签名是有效的

文献[34]提出一种基于生日攻击的方法来攻击 CFS 方案。为了安全级别达到2^{80}以上，文献[34]提出了几组新的参数：$m=21$，$t=10$；$m=19$，$t=11$；$m=15$，$t=12$。另外，Dallot 在文献[43]中对 CFS 签名方案进行了改进，该改进的方案称为 mCFS，此时的计数器不是递增，而是从 $\{1, 2, \cdots, 2^{n-k}\}$ 中随机选取的，最后在随机预言机模型下证明了该方案是安全的。

(2) KKS 签名

Kabatianskii，Krouk，Smeets（KKS）[13]提出了一种基于任意线性纠错码的签名方案。该方案的实质是，签名就是线性码的一个码字。KKS 签名算法的具体描述见算法 1-7。让 C 表示 $(n, n-r)$ 线性码，它的校验矩阵为 $\boldsymbol{H}$，最小距离为 d。再随机选择一个 (n', k) 线性码 V，其生成矩阵 $\boldsymbol{G}=[g_{i,j}]$，假设存在整数t_1和t_2，对于任意的一个非零码字 $v\in V$，都有$t_1\leqslant wt(v)\leqslant t_2$。

让 T 表示集合 $\{1, 2, \cdots, n\}$ 的一个子集合，含有n'个元素。$\boldsymbol{H}(T)$表示校验矩阵 $\boldsymbol{H}$ 的一个子矩阵，包含 $\boldsymbol{H}$ 中 $i\in T$ 的列h_i。定义 $r\times k$ 的矩阵 $\boldsymbol{F}=\boldsymbol{H}(T)\times\boldsymbol{G}^{\mathrm{T}}$。定义一个 $k\times n$ 的矩阵$\boldsymbol{G}^*=[g^*_{i,j}]$，如果 $j\in T$，则$g^*_{i,j}=g_{i,j}$；否则，$g^*_{i,j}=0$。对于任意的 $m\in\boldsymbol{F}_q^k$，KKS 签名的结果就是为 $\sigma=m\boldsymbol{G}^*$。接收者接收到签名后，验证$t_1\leqslant wt(\sigma)\leqslant t_2$ 以及 $\boldsymbol{F}\oplus m^{\mathrm{T}}=\boldsymbol{H}\oplus\sigma^{\mathrm{T}}$。

算法 1-7 KKS 签名算法
密钥产生： (1) 随机选择 $(n, n-r)$ 线性码 C，它的校验矩阵为 $\boldsymbol{H}$，最小距离为 d。 (2) 随机选择 (n', k) 线性码 V，$n'<n$，其生成矩阵 $\boldsymbol{G}$，对于任意 $v\in V$，$v\neq 0$，都有 $t_1\leqslant wt(v)\leqslant t_2$ (3) 让 T 表示集合 $\{1, 2, \cdots, n\}$ 的一个子集合，含有n'个元素。

构造子矩阵 $\boldsymbol{H}(T)$，包含码 C 校验矩阵 $\boldsymbol{H}$ 中 $i \in T$ 的列 h_i

构造矩阵 $\boldsymbol{F}=\boldsymbol{H}(T)\times\boldsymbol{G}^{\mathrm{T}}$

私钥为：$(\boldsymbol{T}, \boldsymbol{G})$

公钥为：$(\boldsymbol{F}, \boldsymbol{H}, t_1, t_2)$

签名：待签名的消息为 m

(1) 计算 $\sigma^* = m \cdot \boldsymbol{G}$

(2) 产生最后的签名 σ，$\sigma=\begin{cases}\sigma_i^* & \text{如果 } i\in T \\ 0 & \text{如果 } i\notin T\end{cases}$

验证：给定一个签名 (m, σ)，检验下面两个式子是否成立。

(1) $\boldsymbol{F}\cdot\boldsymbol{m}^{\mathrm{T}}=\boldsymbol{H}\cdot\boldsymbol{\sigma}^{\mathrm{T}}$

(2) $t_1 \leqslant wt(\sigma) \leqslant t_2$

文献[13]的作者提供了 KKS 签名的 4 个版本：KKS-1，KKS-2，KKS-3，KKS-4，如果签名算法中的公钥没有泄露任何信息，KKS 签名的安全性等同于 Niederreiter 加密方案。然而，在文献[42]中，作者指出，所产生的一个 KKS 签名将会泄露信息集 T 的很多信息，从而对手可以以很大的概率恢复私钥 G。事实上，对手大概需要 20 个签名，进行 2^{77} 次二元运算就可以攻破 KKS-3 方案。基于这个原因，文献[42]的作者提供了可进行 40 个签名的安全性的参数：$n=2000$，$k=160$，$n'=1000$，$r=1100$，$t_1=90$，$t_2=110$。对于给定的安全参数，KKS 方案的平均签名大小为 0.3KB，而公钥达到 25KB。2011 年，Otmani 等人[52]在不需要消息一签名对的情况下攻破了所有给定安全参数的 KKS 方案，但这并不是说他们攻破了 KKS 方案本身。

1.2.4.4 具有特殊性质的数字签名

随着数字签名研究的不断深入、电子商务和电子政务的迅速发展，简单模拟手写签名的数字签名已经不能完全满足实际应用的需要，研究具有特殊属性的数字签名已成为数字签名研究的主要方向。

（1）盲签名

盲签名的概念[48,99]是Chaum在1982年的美密会上提出的。通常，盲签名方案是用户和签名者之间的交互协议，如果协议正确执行，持有特定消息 m 的用户User最终将通过签名者Signer获得消息 m 的数字签名 s；Signer不知道消息 m 的内容，即使以后公布 (m, s)，他也不能追踪消息和执行签名过程之间的关系。第一篇基于纠错码的盲签名方案是Overbeck于2009年在文献[54]中提出来的。之后，基于纠错码的盲签名方案相继出现，如文献[55] 和文献 [56]。

（2）环签名

环签名的概念[57]是Rivest等人在2001年的亚密会（ASIACRYPT）上提出的。环签名允许特定用户集 U 的某一个成员证明消息确实是某一个成员签名的，而不会泄露实际签名者的身份。与群签名不同，环签名没有群管理员，没有初始化程序，没有撤销程序，也没有共谋操作。任何用户都可以选择包括他自己在内的任何可能的签名者集合，并且在未经他们同意的情况下使用自己的私钥和其他人的公钥来签名任何消息。给定一个环签名，除了签名人外，任何人均无法获知产生该签名的签名人身份。Dong Zheng等人[58]在2007年第一次提出了基于纠错码的环签名方案，它是CFS签名的扩展，其安全性也是基于校验子译码问题。该方案的签名长度为 $144+126l$（l 是表示环中的成员数目）。在这之后，就没有再出现基于纠错码的环签名方案了。

(3) 门限环签名

自从 2001 年提出环签名的概念[57]以后，很多学者在这基础上进行了修改和扩充。2002 年，Bresson，Stern 以及 Szydlo 提出了 BSS 门限环签名方案[59]。在一个（l，N）的门限环签名方案中，签名私钥分布在 N 个成员中，至少有 l 个成员参与，才可以生成一个有效的门限环签名。

在 2008 年 Melchor 等人[60]，提出了基于纠错码的门限环签名方案。该方案是一个零知识签名方案，使用了 Stern 身份认证协议，并利用 FS 准则将其转换为门限环签名方案。该方案的安全性依赖于校验子译码问题，其签名长度以及计算复杂性都是 Stern 身份认证算法的 N 倍，其中，N 为环成员个数，典型签名长度为 $20N\times10^3$ b。可以采用 Gaborit 的双循环矩阵[35]结构，这样就可以大幅减少公钥尺寸，典型值为 $347N$ b。基于纠错码的第二个门限环签名方案[61]是由 Dallot 和 Vergnaud在 2009 年提出的，结合了一般门限环签名方案的构造[59]和 CFS 签名方案。该方案典型的签名长度为 $675N\sim228lN$，其中 N 是环成员数，l 是签名门限数。该方案的安全性基于 Goppa 界译码（GBD）问题和 Goppa 码区分（GD）问题。

2011 年，Melchor 等人在原有研究的基础上对原方案进行了改进，之后 Cayrel 等人又提出了改进的门限环签名方案[62]。

(4) 群签名

1991 年，Chaum 和 Heyst 提出了群签名的概念[63]。群签名方案是一个基本的密码学原语，具有两个显著的特点：第一个特点就是匿名性，它允许群中的用户代表整个群匿名签名文件；第二个特点就是可追踪性，如果需要揭示签名人的身份，追踪权力可以将给定的签名与签名者的身份联系起来。这两个特点使群签名在各种现实生活中非常有用，如控制匿名打印服务、数字版权管理系统、电子投标和电子选举系统。最近几年，基于格的群签名方案比较多，比如文献[64-66]；而基于纠错码的群签名研究进展相对比较缓慢。第一篇基于纠错码的群签名方案是2001在文献[67]中阐述的，之后2015年在WCC上出现了第二篇基于纠错码的群签名方案[68]。真正可证明安全的群签名方案是2015年Ezerman在亚密会（ASIACRYPT）上发表的论文[69]。

（5）基于身份的数字签名

为简化传统公钥密码系统的密钥管理问题，Shamir于1984年提出基于身份的密码系统[70]：将用户的公开身份信息（如电子邮箱、名字）作为用户公钥，或者可以通过公开算法从用户身份信息计算出该用户的公钥；可信第三方的密钥生成器生成用户的私钥，并安全地将其发送给用户。在基于身份的系统中，交互双方Alice和Bob可以直接根据对方的身份信息执行加密或签名验证等密码操作。相对于传统的PKI技术，基于身份的系统无须复杂的公钥证书与认证，在应用中可以带来极大的便利。在编码密码学中，基于身份的数字签名方案由Cayrel，Gaborit以及Girault在文献[71]提出，其思想结合了CFS签名方案[12]以及Stern签名方案[14]。假设一个用户的身份信息为P，把这个身份信息作为CFS签名方案校验矩阵H相对应的一个随机校验子，权威中心拥有$\boldsymbol{H}$所对应的私钥，就能够通过CFS签名方案中的方法求出与P相对应的向量x；此时用户P将向量$\boldsymbol{x}$作为私钥，身份信息P为公钥，用Stern算法进行认证。这种方法只是理论上的探讨，距离实际应用还比较远，因为所产生的签名太大。之后，许多学者在此基础上，相继提出了通过编码构造的基于身份的数字签名方案，如文献[72-74]。

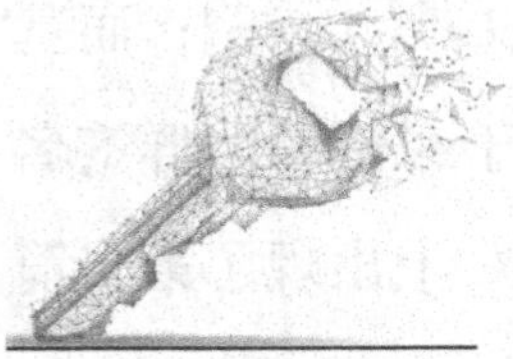

第 2 章　预备知识

2.1　编码理论

2.1.1　基本概念

在这一部分中，主要回顾一下编码理论中的一些基本概念以及设计方案中常用的一些困难问题，详细的解释可以参考文献[75]，本书中只讨论在有限域上的线性码。

定义 2.1（线性码）

有限域$\boldsymbol{F}_q$上的（n，k）线性码C是线性空间$\boldsymbol{F}_q^n$上的线性子空间。$\boldsymbol{F}_q^n$中的元素称为字，（n，k）线性码C中的元素称为码字，n称为线性码C的长度，k称为线性码C的维数。线性码C的余维数$r=n-k$。

如果$q=2$，称线性码C为二元线性码，否则称为q元线性码。

度量信息传输速率的一个单位称为码率，记为$R=k/n$，就是每个码字中有效的信息位数除以码字的总位数，当然码率越大越好。

定义 2.2（码的纠错能力）

t为一个正整数，对线性码C中的任意一个码字，在传输的过程中，能够检测和纠正t个错误，就称线性码C的纠错能力为t。

线性码 C 的任意向量子空间都称为线性码 C 的子码，下面定义的子域子码经常被用来构造一些特殊的码。

定义 2.3（子域子码）

m 为一个正整数，线性码 C 是定义在$\boldsymbol{F}_q$的扩域$\boldsymbol{F}_{q^m}$上的线性码，子域子码C'就是线性码 C 映射到 $\boldsymbol{F}_q$上那些码字。$C'=C_{|F_q}=C\cap \boldsymbol{F}_q^n$。

定义 2.4（汉明距离，汉明重量，最小距离）

汉明距离 $d(x, y)$是指两个字 x 和 y 在相同位置不同值的数目，定义为 $d(x,y)=|\{i:x_i\neq y_i\}|$，$x=(x_1,x_2,\cdots,x_n)$，$y=(y_1,y_2,\cdots,y_n)$。符号$|S|$表示集合 S 中元素的个数。特别地，$d(x, \boldsymbol{0})$称为 x 的汉明重量，$\boldsymbol{0}$ 表示由 n 个 0 组成的零向量。汉明重量简称重量，用符号 $wt(x)$ 表示。线性码 C 的最小距离是指任意两个码字之间的最小汉明距离。

线性码 C 的最小距离决定了码 C 的纠错能力，如果码 C 的最小距离为 d，对于一个字 x 以及纠错能力 $t\leqslant\frac{(d-1)}{2}$，译码算法能够唯一地输出最接近的码字 C。也就是说，线性码 C 的最小距离为 d，那么它的纠错能力就是 $t=\frac{d-1}{2}$，该线性码 C 记为 $[n, k, t]$ 码。

一般都是把码作为向量空间来处理，可以通过与码相关的矩阵来定义码。

定义 2.5（生成矩阵）

(n, k) 线性码 C 的生成矩阵 $\boldsymbol{G}$ 是 $k\times n$ 的矩阵，生成矩阵 $\boldsymbol{G}$ 的 k 行是线性子空间 C 的一组基。若 $\boldsymbol{G}=(\boldsymbol{I}_{k\times k}|\boldsymbol{A}_{k\times(n-k)}), \boldsymbol{I}_{k\times k})$，是一个 $k\times k$ 的单位阵，而 $\boldsymbol{A}$ 是一个 $k\times(n-k)$的矩阵，这种形式的生成矩阵称为标准生成矩阵，一种码若是通过标准生成矩阵生成的，就称为系统码。

定义 2.6（奇偶校验矩阵）

（n，k）线性码 C 的校验矩阵 $\boldsymbol{H}$ 是$(n-k)\times n$ 的矩阵，校验矩阵 $\boldsymbol{H}$ 的（$n-k$）行是线性子空间 C 的正交补空间的一组基，因此 $C=\{\boldsymbol{c}\in \boldsymbol{F}_q^n:\boldsymbol{H}\boldsymbol{c}^{\mathrm{T}}=0\}$。

定义 2.7（校验子）

某一个向量 $\boldsymbol{x}\in \boldsymbol{F}_q^n$的校验子是相对于校验矩阵 $\boldsymbol{H}$ 进行计算的，即向量 $\boldsymbol{x}$ 的校验子为 $\boldsymbol{H}\boldsymbol{x}^{\mathrm{T}}\in \boldsymbol{F}_q^r$。

特别地是，线性码 C 中的元素的校验子的值为零。

2.1.2 Goppa 码

Goppa 码最早是在 Valery D. Goppa 的文献[76，77]中进行介绍的，Patterson 在文献[78]中阐述了 Goppa 码的有效译码算法，McEliece 利用 Goppa 码定义了 M 公钥[6]，这里先定义与 Goppa 相关的 RS 码，然后再定义 Goppa 码。

定义 2.8（Generalized Reed－Solomon code）

q 表示某一个素数的某次幂，m 代表正整数，对于一个给定的序列 $L=(L_0,\cdots,L_{n-1})\in \boldsymbol{F}_{q^m}^n$，$L$ 中的元素L_i为$\boldsymbol{F}_{q^m}$中两两互不相同的元素，序列 $D=$（D_0，$\cdots$，D_{n-1}）中的每个元素D_i为$\boldsymbol{F}_{q^m}$中的非零元素，一般性的 RS 码$\mathrm{GRS}_t(L，D)$是通过下面的校验矩阵定义的$[n，k，t]$码。

$$\boldsymbol{H}=\begin{bmatrix} 1 & \cdots & 1 \\ L_0 & \cdots & L_{n-1} \\ \vdots & & \vdots \\ L_0^{\,r-1} & \cdots & L_{n-1}^{r-1} \end{bmatrix}\cdot\begin{bmatrix} D_0 & \cdots & 0 \\ \vdots & & \vdots \\ 0 & \cdots & D_{n-1} \end{bmatrix}$$

交替码$\mathcal{A}(L, D)$是一般性的RS码$GRS_t(L, D)$的子域子码。

定义2.9（Goppa码）

对于一个给定的序列$L=(L_0, \cdots, L_{n-1}) \in \boldsymbol{F}_{q^m}^{n}$，$L$中的元素$L_i$为$\boldsymbol{F}_{q^m}$中两两互不相同的元素，给定一个次数为$t$的多项式$g(x) \in \boldsymbol{F}_{q^m}[x]$，并且$g(L_i) \neq 0$ $(0 \leqslant i < n)$，$\boldsymbol{F}_q$域上的Goppa码$\Gamma(L, g)$是$\boldsymbol{F}_q$域上的与一般性的RS码$GRS_t(L, D)$相对应的交替码$\mathcal{A}(L, D)$，$D=(g(L_0)^{-1}, \cdots, g(L_{n-1})^{-1})$。

2.1.3 准循环码、准二元码

基于纠错码的密码系统有一个严重的缺陷，它们的公钥都非常大，导致在实际应用中不可行。为了解决这个问题，可以采用具有特殊结构、紧凑的矩阵来替换原来的矩阵，以大大减小公钥长度。这里主要介绍两种方法，第一种是Berger等人提出的准循环码[79]，第二种是Misoczki等人提出的准二元码[80]。

奇偶校验矩阵$\boldsymbol{H}$为$r \times n$阶矩阵，若$r=r_0 b$，$n=n_0 b$，则$\boldsymbol{H}$由$r_0 \times n_0$块循环（或二元）子矩阵组成，每个子矩阵块为$b \times b$的循环（或二元）矩阵，此时$\boldsymbol{H}$被称为准循环矩阵（或准二元矩阵）。

循环矩阵$\boldsymbol{R}^*$是通过向量$(a_1, a_2, \cdots, a_n) \in \boldsymbol{F}_q^n$来定义的，具有以下的形式：

$$\boldsymbol{R}^* = \begin{pmatrix} a_1 & a_2 & a_3 & \cdots & a_n \\ a_n & a_1 & a_2 & \cdots & a_{n-1} \\ \vdots & \vdots & \vdots & & \vdots \\ a_2 & a_3 & a_4 & \cdots & a_1 \end{pmatrix}$$

若一个矩阵具有（$\boldsymbol{I}_r \mid \boldsymbol{R}^*$）这种形式，则称之为双循环矩阵。

二元矩阵是通过递归的形式来定义的：任意 1×1 阶的矩阵为二元矩阵，对于 $p>1$，一个$2^p\times2^p$阶的二元矩阵具有下面的形式：

$$\boldsymbol{R}^* = \begin{pmatrix} \boldsymbol{B} & \boldsymbol{C} \\ \boldsymbol{C} & \boldsymbol{B} \end{pmatrix}$$

$\boldsymbol{B}$ 和 $\boldsymbol{C}$ 都是$2^{p-1}\times2^{p-1}$阶的二元矩阵，例如，一个 4×4 阶的二元矩阵具有以下的形式：

$$\boldsymbol{R}^* = \begin{pmatrix} a & b & c & d \\ b & a & d & c \\ c & d & a & b \\ d & c & b & a \end{pmatrix}，其中 a，b，c，d\in \boldsymbol{F}_q$$

准循环矩阵或准二元矩阵的好处在于，可以通过循环子矩阵或二元子矩阵重新构造整个矩阵，从而减少公钥大小。

2.1.4 纠错码密码方案所基于的困难问题

定义 2.10（二元校验子译码问题）（SD 问题）

输入： 二元有限域$\boldsymbol{F}_2$上的 $r\times n$ 校验矩阵 $\boldsymbol{H}$，二元校验子 $\boldsymbol{s}\in \boldsymbol{F}_2^r$，整数 $\omega>0$。

问题： 是否存在一个二元校验子 $\boldsymbol{x}\in \boldsymbol{F}_2^n$，$wt$（$\boldsymbol{x}$）$\leqslant\omega$，使得 $\boldsymbol{s}=\boldsymbol{H}\boldsymbol{x}^{\mathrm{T}}$？

SD 问题已经被 Berlekamp 等人证明为 NPC 问题[9]。这个问题的对偶版本，就是将校验矩阵 $\boldsymbol{H}$ 用生成矩阵 $\boldsymbol{G}$ 来代替，此时 SD 问题变为以下的 GSD 问题。

定义 2.11（一般译码问题）（GSD 问题）

输入： 二元有限域 $\boldsymbol{F}_2$ 上的 $k\times n$ 生成矩阵 $\boldsymbol{G}$，长向量 $\boldsymbol{x}\in\boldsymbol{F}_2^n$，以及一个正整数 $\omega>0$。

问题： 是否存在一个向量$(m, e)\in\boldsymbol{F}_2^k\times\boldsymbol{F}_2^n$ 并且 $wt(e)\leqslant\omega$，使得 $x+e$ 为一个码字？

这个 GSD 问题也就是寻找（m, e），使得 $x=m\boldsymbol{G}+e$，并且满足 $wt(e)\leqslant\omega$。

GSD 问题也被证明为 NP 困难问题，它并不是在最坏的情况下是困难的，而是在通常情况下都是困难的。将 SD 问题由二元有限域扩充到任意 q 元有限域，就转换为 qSD 问题。

定义 2.12（q 元 SD 问题）（qSD 问题）

输入： 一个整数 $\omega>0$，$\boldsymbol{H}\overset{\$}{\leftarrow}\boldsymbol{F}_q^{r\times n}$，$\boldsymbol{s}\overset{\$}{\leftarrow}\boldsymbol{F}_q^r$。

问题： 是否存在一个向量 $\boldsymbol{x}\in\boldsymbol{F}_q^n$并且 $wt(\boldsymbol{x})\leqslant\omega$，使得 $\boldsymbol{H}\boldsymbol{x}^{\mathrm{T}}=\boldsymbol{s}$？

qSD 问题在 1994 年由 A. Barg 在文献[81]中证明为 NP 困难问题。下面定义当 qSD 问题中的校验子 $s=0$ 时的情况。

定义 2.13（q 元极小距离问题（qMD 问题）

输入： 一个整数 $\omega>0$，$\boldsymbol{H}\overset{\$}{\leftarrow}\boldsymbol{F}_q^{r\times n}$。

问题： 是否存在一个向量 $\boldsymbol{x}\in\boldsymbol{F}_q^n$并且 $wt(\boldsymbol{x})\leqslant\omega$，使得 $\boldsymbol{H}\boldsymbol{x}^{\mathrm{T}}=0$？

由 Stern 的文献[82]可知，解决 qSD 问题和解决 qMD 问题是等价的。与这两个困难问题相对应的假设分别称为 qSD 假设和 qMD 假设。

下面将介绍线性码的一个重要的界限。Gilbert 在文献[83]中以及 Varshamov 在文献[84]中都分别讨论了码的最大尺寸的界限问题。基于以上的讨论，Barg 在文献中[81]中提出了著名的 Gilbert-Varshamov

距离，也称为 GV 界限。

定义 2.14（GV 距离，GV 界限）

C 为有限域$\boldsymbol{F}_q$上的［n，k］线性码，GV 距离就是满足下面这个不等式的最大的d_0值：$\sum_{j=0}^{d_0-1}\binom{n}{j}(q-1)^j \leqslant q^{n-k}$。

由文献[28]可知，若码 C 的重量 ω 的值 $\omega \leqslant d_0$，则 SD 问题有唯一的解，否则，将会有多个解存在。也就是说，当 ω 的值比较小时，SD 问题才有意义。

$H_q(x)$ 表示 q 元熵函数：$H_q(x) = x\log_q(q-1) - x\log_q(x) - (1-x)\log_q(1-x)$。对于任何足够大的 n，随机线性码都可以达到所谓的 GV 界限。

假设 $0 \leqslant \xi \leqslant (q-1)/q$，有无穷多个 q 元［n，k］线性码的序列（ξ，R），满足 $R \geqslant 1 - H_q(\xi)$，其中 $\xi = d/n$，$R = k/n$。对随机线性码来说，准循环码可以渐近达到 GV 界限[29]，然而对于准二元码，这仍然是一个开放问题。

定义 2.15（完备译码）（CD 问题）

输入：一个整数$d_0 > 0$，d_0表示通过校验矩阵 $\boldsymbol{H}$ 生成的线性分组码的 GV 距离，$\boldsymbol{H} \xleftarrow{\$} \boldsymbol{F}_q^{r\times n}$，$\boldsymbol{s} \xleftarrow{\$} \boldsymbol{F}_q^r$。

问题：是否存在一个向量 $\boldsymbol{x} \in \boldsymbol{F}_q^n$并且$wt(\boldsymbol{x}) \leqslant d_0$，使得 $\boldsymbol{H}\boldsymbol{x}^{\mathrm{T}} = \boldsymbol{s}$？

基于纠错码的公钥加密与数字签名方案若基于二元 Goppa 码构建，则其安全性依赖下面两个问题。

定义 2.16（Goppa 界译码）（GBD 问题）

输入：二元有限域$\boldsymbol{F}_2$上的 $r \times n$ 校验矩阵 $\boldsymbol{H}$，二元校验子 $\boldsymbol{s} \in \boldsymbol{F}_2^r$。

问题：是否存在一个二元校验子 $\boldsymbol{x}\in\boldsymbol{F}_2^n$，$wt(\boldsymbol{x})\leqslant\frac{r}{\log_2 n}$，使得 $\boldsymbol{s}=\boldsymbol{H}\boldsymbol{x}^{\mathrm{T}}$?

定义 2.17（Goppa 码的区分）（GD 问题）

输入：一个$(n-k)\times n$ 的二元矩阵 $\boldsymbol{H}$。

问题：$\boldsymbol{H}$ 是（n，k）Goppa 码的校验矩阵还是随机（n，k）码的校验矩阵?

Goppa 界译码问题（GBD）作为 SD 问题的特殊情形，也被证明为 NP 困难问题，而 Goppa 码区分问题（GD）到目前为止都没有 NP 的证明，不过整个编码学界都一致认可该问题也是 NP 困难问题。

2.2 攻击基于纠错码的密码系统

对纠错码密码系统的攻击主要有两种方法：结构攻击和译码攻击。结构攻击就是从公钥中恢复出码的结构；译码攻击就是在不知道码的结构的情况下，找出满足指定要求的码字。一般情况下，使用的都是随机线性码，结构攻击基本上是不可能的，所以通常情况下考虑译码攻击。译码攻击有两种方法，一种是生日攻击[85]，另一种是信息集攻击[86]，最有效的译码攻击算法是信息集攻击算法。Peters[87]、Niebuhr[88]、Bernstein[89]等人都对信息集攻击进行了改进，之后，在 2012 的欧密会上 Becker 等人[90]提出了一种效率更高的信息集攻击方法，May 等人也在文献[91]中改进了信息集攻击方法。

给定一个码的 $r\times n$ 校验矩阵 $\boldsymbol{H}$，有 $\boldsymbol{H}\boldsymbol{x}^{\mathrm{T}}=\boldsymbol{s}$，$\boldsymbol{x}$ 是重量为 ω 的向量，$\boldsymbol{s}$ 是校验子。信息集攻击算法的输入为校验子 $\boldsymbol{s}$，想输出向量 $\boldsymbol{x}$。为了达到这个目的，用置换矩阵 $\boldsymbol{P}$ 对校验矩阵 $\boldsymbol{H}$ 进行置换操作，使得

矩阵 $\boldsymbol{H}$ 中与向量 $\boldsymbol{x}$ 中错误位置相对应的列，都移到了 $\boldsymbol{H}$ 的最左边。然后使用高斯消减法，可以得到矩阵 $\boldsymbol{H}'=[\boldsymbol{I}_r \mid \boldsymbol{R}]$，此时对校验子 $\boldsymbol{s}$ 使用行变换，得到 $\boldsymbol{s}'$，如果此时 $\boldsymbol{s}'$ 的重量小于或等于 ω，信息集攻击就成功了，否则的话，选择新的置换矩阵，重新计算。

一种码要达到指定的安全性，比如 80 位或 128 位的安全性，信息集攻击常作为一种工具用来决定码的参数（n，k，ω），信息集攻击的工作量记为 $\mathrm{WF}_{\mathrm{ISD}}$。

2.3　安全模型定义

首先，回顾一下常用的几个概念。如果对于任何一个正多项式 $p(\cdot)$ 以及任意足够大的正整数 n，都满足 $\mu(n)<1/p(n)$，则称 $\mu(\cdot)$ 是一个可忽略的函数。两个可忽略函数的和也是可忽略函数，相应地，两个不可忽略函数的和是不可忽略函数。然而，一个可忽略函数加上一个不可忽略函数的和是不可忽略函数。

如果两个分布 $\{X_n\}_{n\in N}$ 和 $\{Y_n\}_{n\in N}$，对于任意一个多项式时间的算法 D，存在一个可忽略的函数 $\mu(\cdot)$，使得 $|Pr[D(X_n)=1]-Pr[D(Y_n)=1]|\leqslant \mu(n)$，就称这两个分布 $\{X_n\}_{n\in N}$ 和 $\{Y_n\}_{n\in N}$ 在计算上是不可区分的。如果 $\max_x Pr[X=x]=2^{-k}$，则随机变量 X 具有极小熵，记为 $H_\infty(X)=k$。

下面，回顾一下哈希函数的定义以及安全模型。

定义 2.18（哈希函数）

设 H 为定义域为 A 的函数，该函数的值域为 B，B 是长度为 n 的字符串的集合，如果 H 满足以下 4 条性质，则称函数 H 为密码学上的哈希函数。

①正向计算简单性：对于任意的 $x\in A$，很容易计算出 $H(x)$；

②抗原像性：对于任意的 $y\in B$，很难找到 $x\in A$，使得 $y=H(x)$；

③抗第二原像性：对于任意的 $x\in A$，很难找到 $x'\neq x$，使得 $H(x')=H(x)$；

④抗碰撞性：很难找到任意的 x'，$x\in A$，并且 $x'\neq x$，使得 $H(x')=H(x)$。

称 $H(x)$ 为摘要或消息摘要。很明显，哈希函数必须满足以上的所有性质，以防恶意的敌手能够对消息输入进行简单修改而得到相同输出的消息摘要。一般来说，哈希函数的输入为任意长度，输出的消息摘要长度为 n，即 $A=\{0,1\}^*$，$B=\{0,1\}^n$。

接下来，回顾一下身份认证方案和数字签名方案的定义以及安全模型。

定义 2.19（身份认证方案）

身份认证方案包括 3 个算法：一个是概率多项式时间的密钥生成算法 KeyGen，另外两个是概率多项式时间的交互式的算法 P 和 V，具体如下。

①密钥生成算法 KeyGen，输入参数为安全参数 K，输出一对密钥 (pk, sk)，pk 为公钥，sk 为私钥。

②P 算法的输入参数为 (pk, sk)，V 算法的输入参数为 pk。在 P 和 V 交互执行完之后，V 算法如果接受，就输出 1；否则，输出 0。对于给定的参数 (pk, sk)，在 P 和 V 交互执行完之后，V 的输出是一个概率空间，记为 $[P(pk, sk), V(pk)]$。

这里的安全性证明采用交互式零知识证明的方法。P 的目标是使 V 确信 $x\in L$，并且不泄露任何信息给 V。零知识证明要满足以下 3 个性质。

①完备性：任何真的定理一定可以被证明为对的，也就是说对于任意的 $x \in L$，$([P(pk, sk), V(pk)][x]=1) \geqslant 1-\mu(n)$，$\mu(n)$是一个可忽略的函数。

②合理性：没有错误的定理能够被证明为对的，也就是说对于任意的 $x \notin L$，任何欺骗者 P' 假冒 P，将有 $([P'(pk, sk), V(pk)][x]=1) \leqslant 1/2$。

③零知识性：任何人都可以通过监听 P 来获取信息，一个人甚至可以自己模拟自己。也就是说，存在一个概率多项式时间的模拟器 Sim，任何多项式时间的区分器都不能正确区分 V 是在和诚实的 P 交互还是在和模拟器交互。

假设在一轮交互中，欺骗者 P' 欺骗成功的概率为 λ，为了检测欺骗者，这个交互协议必须运行多轮，为了达到认证安全性为 L，至少得运行 δ 轮，使得 $\lambda^{\delta} \leqslant L$。

定义 2.20（数字签名方案）

数字签名方案 $S=(\mathrm{KGen}, \mathrm{Sign}, Vf)$ 主要由 3 个算法组成。

①$\mathrm{KGen}(1^{\kappa})$：密钥生成算法 $\mathrm{KGen}(1^{\kappa})$是一个概率多项式时间的算法，输入安全参数 κ，输出一对公私密钥对 (pk, sk)，pk 为公钥，sk 为私钥。

②$\mathrm{Sign}(sk, M)$：签名算法 $\mathrm{Sign}(sk, M)$是一个概率多项式时间的算法，输入私钥 sk 以及待签名的消息 M，输出一个有效的签名 σ。

③$Vf(pk, M, \sigma)$：验证算法 $Vf(pk, M, \sigma)$是一个确定性的算法，输入公钥 pk、消息 M 以及签名 σ，如果验证签名有效，则输出 1；

否则，输出 0。

在签名方案中，必须要求验证算法的正确性，就是真正的签名一定有验证输出结果为 1。形式化来说，对于（pk，sk）←KGen，对于任何消息 M 所产生的签名 σ←Sign（sk，M），一定有 Vf（pk，M，σ）＝1。下面通过存在性不可伪造来描述签名方案的安全性。

定义 2.21（存在性不可伪造）

如果对于任何一个有效的敌手 A，最多进行 q_s 次预言机查询，在以下的实验中返回值为 1 的概率是可忽略的，则称数字签名方案 S＝（KGen，Sign，Vf）在适应性选择消息下为存在性不可伪造。

Experiment $\text{Unforgeability}_A^S$（$\kappa$）

（pk，sk）←KGen（1^κ）

（σ^*，M^*）←$A^{\text{OSign}(sk,?)}$（pk）

OSign（·）on input M

outputs σ←Sign（sk，M）

Return 1 iff

Vf（pk，M^*，σ^*）＝1 and M^* was not queried to OSign（sk，$*$）$by A$

上面定义的是适应性选择消息下存在性不可伪造，对于没有消息攻击下的存在性不可伪造也是类似定义的，此时 q_s＝0。

2.4 可证明安全

密码学上的安全性可分为 3 种：理论安全、实际安全和可证明安全[88]。

理论安全其实就是信息论安全，也叫作无条件安全，这个安全定义把攻击者的能力定义得很强，同时考虑到攻击者计算能力没有任何限制时候的安全性。即使攻击者拥有无限的计算资源，密码方案也不能被破解，把这种安全定义称为无条件安全。无条件安全密码系统是密码学追求的最佳密码系统，但实际上很难满足这种安全要求，因此不实用。

实际安全其实就是计算安全，这种安全性的定义将敌手的能力定义得比较实际，没有理论安全定义的敌手那么强，需要考虑的是攻破密码系统所需的计算工作量，如果使用最佳攻击算法破解密码系统至少需要 N 次操作，其中 N 是个特定的非常大的数字，则该密码系统在计算上是安全的。在这个定义下，还没有一个实际的密码系统被证明是安全的。

可证明安全对敌手的定义是偏弱的，但是这种方法有着严格的证明，能很好地衡量一个密码方案的安全性和安全级别。可证明安全的目标是为密码体制提供一个形式化的证明，假设某一个数学困难问题是成立的，那么将没有敌手能够成功攻破该密码体制。在安全性的归约证明中，最重要的是使用了多项式时间的黑盒子图灵机。归约证明中，采用的是反证法。假如有一个敌手能够攻破这个密码体制，那么就存在一个多项式时间的算法能够解决公认的困难问题。因为困难问题是没有多项式时间的算法可以解决的，所以这个密码体制就是安全的。在这种安全性证明中，有两种模型，一种叫标准模型，另一种叫随机预言机模型。

定义 2.22（标准模型）

密码学中的标准模型指的是计算模型，在这个模型中，攻击敌手只具有有限的攻击时间和有限的计算资源。

标准模型更接近实际的应用场景，密码方案仅使用复杂性假设便可被证明为安全的，就称之为标准模型下可证安全的。但是，在标准模型下很多密码方案是很难可证安全的，这时可以用理想化的随机预言机来代替密码学原语，这样密码方案就相对容易可证安全。

定义 2.23（随机预言机）

随机预言机是一种数学上抽象化的概念，可以想象成一个黑盒子，对于每一个确定的输入，预言机将返回一个唯一的随机值，也就是说，对于两次查询，如果输入的是同一个值，那么这两次查询的输出结果就是一样的。

随机预言机对那些需要真随机的密码学函数是非常有用的，特别是密码学中的哈希函数。在归约证明过程中，随机预言机允许归约算法适应性地设计输入输出的值。这种技术使得在标准模型中很难证明安全的密码方案，变得是可证安全的。

定义 2.24（随机预言机模型）

随机预言机模型是为密码方案的安全性证明提供安全参数的模型，在这个模型中把密码学的哈希函数替换为完美的随机函数。

如果在随机预言机下证明一个密码方案为安全的，就称该方案在随机预言机下是可证安全的。随机预言机的一个重要应用就是 FS 准则[19]的使用，FS 准则可以将交互式的身份认证协议转换为数字签名方案。

第 3 章　基于纠错码的可证明安全的 mCFS-PDH 签名方案

3.1　引　言

CFS 数字签名算法[12]是在 Niederreiter 加密算法[8]的基础上构建的，是基于二元 Goppa 码的第一个通过形式化证明为安全的数字签名算法。近年来，有许多文献对 CFS 签名算法的安全性进行了全面的讨论[34,43]。还有多种改进的 CFS 数字签名算法，如 mCFS 算法[43]、并行 CFS 算法[49]等。此外，其他具有特殊性质的数字签名，如盲签名[56]、环签名[58]、门限环签名[60,61]、群签名[69]、基于身份的数字签名[71]等，也可以在 CFS 数字签名算法的基础上构建。与 CFS 签名算法类似，所有基于 CFS 签名算法的核心是消息的哈希值必须通过签名算法的预处理转换为可译码的校验子。签名过程是使用 Goppa 码的译码算法将校验子译成字，然后将这个字作为签名值。签名的有效性验证，先计算接收到的字的校验子的值，再与消息的哈希值进行比较。如果相等，签名正确，否则，签名无效。

尽管基于 CFS 的签名算法可以提供较高的安全性，但其缺点也十分明显，即签名效率较低，主要是因为进行签名时需要进行多次译码尝试。原始的 CFS 签名算法，为了获得一个可译码的校验子，平均需

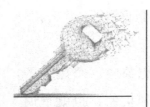

要尝试 $t!$ 次，其中 t 是 Goppa 码的纠错能力。该方案建议的参数 $t=9$，即大约需要尝试 9！＝362880 次译码才可能获得一个有效签名[12]。随着 t 值的增加，平均译码次数 $t!$ 增长得非常快，并且在相关攻击下这一参数已不再安全[34]。很明显，如果 t 值小，则存在较低的安全缺陷，如果 t 值增加，则签名时间呈指数级增长。为了避免被新的攻击方案攻破，所取的 t 值一定会越来越大，这将使得签名速度越来越低，算法的实现效率越来越差。这与纠错码高纠错能力的基本目标相矛盾，在一定程度上阻碍了 CFS 系列算法的应用。

在本章中，主要研究 mCFS 数字签名算法的上述缺陷；通过分析 mCFS 算法的实现细节，找出签名效率低下的主要原因；通过改进，提高签名效率，并进行安全性的证明。本章中提出一种高效的、在随机预言机模型下可证明安全的 mCFS-PDH 数字签名算法，其签名时间不随参数 t 快速增长。该方案在不降低安全性的前提下，能有效提高签名效率，平均比 mCFS 算法快 $t!$ 倍，它是一种更实用的数字签名方案。

3.2 随机预言机模型

随机预言模型最初由是 Bellare 和 Rogaway [92]引入的，在这个模型中，把哈希函数看作一个预言机，它为每个查询产生一个均匀分布的随机值。随机预言机就像一个魔法黑盒子，在向它提供输入值之前，永远不会知道输出值。这种模型提供了一种“理想”的方法来证明密码方案的安全性：假设世界包含随机预言机，设计一个数字签名方案并在随机预言机模型下证明它的安全性，然后用一个具体的密码学上的哈希函数来替换预言机，使它实例化。

对数字签名方案的安全性分析需要对敌手进行建模，以确定敌手的目标和手段。针对数字签名方案的最常见攻击：选择消息攻击下的存在性伪造（EF-CMA），假设一个敌手 A（τ，q_h，q_σ），他掌握了系统的公钥 pk，最多可询问q_h次随机哈希预言机 h 并获得对应的哈希值，最多可询问q_σ次签名预言机 σQ 并获得对应消息的数字签名。要求消息 m 上的每个签名查询都需要经过一个哈希查询（在相同的消息上），这意味着$q_\sigma \leqslant q_h$。在最多经过 τ 处理时间之后，敌手试图输出一对有效的伪造签名对（m^*，σ^*），使得 Vf（pk，m^*，σ^*）$=1$，此处的m^*是之前敌手没有询问过签名预言机的。

选择消息攻击下的存在性伪造可以看作敌手与挑战者之间的游戏。挑战者运行密钥生成算法并为对手提供公钥，挑战者还可以设置和控制预言机，敌手试图产生它所选择的消息的有效签名。

定义 3.1（选择消息攻击下的存在性伪造）（EF-CMA）

EF-CMA 游戏由以下步骤组成：

①挑战者运行密钥生成算法 KGen（1^κ），把公钥 pk 传给敌手；

②挑战者设置哈希预言机 h 和签名预言机σ；

③敌手通过使用公钥 pk，在多次询问哈希预言机 h 和签名预言机 σ 之后，生成一对消息签名对（m^*，σ^*）并且发送给挑战者；

④挑战者检查 Vf（pk，m^*，σ^*）的值是否为 1，如果为 1 并且敌手 A 没有询问过签名预言机σ 关于m^*的签名σ^*，则敌手 A 赢得这个游戏；否则，敌手 A 挑战失败。

敌手 A（τ，q_h，q_σ）在选择消息攻击下的存在性伪造成功的概率就是敌手 A 赢得 EF-CMA 这个游戏的概率。

$$\mathrm{Succ}_S^{\text{EF-CMA}}(A)=P(\mathrm{AwinsEF\text{-}CMAgame})$$

数字签名方案的安全性可以形式化地定义如下。

定义3.2（数字签名方案的安全性）

如果一个数字签名方案 $S(\varepsilon, \tau, q_h, q_\sigma)$ 是EF-CMA安全的，则对于任意的敌手 $A(\tau, q_h, q_\sigma)$，有 $\mathrm{Succ}_S^{\text{EF-CMA}}(A)\leqslant\varepsilon$。

3.3 mCFS数字签名算法的分析

可以通过以下3种方式构造基于纠错码的数字签名方案：一是类似RSA签名，利用已有的基于纠错码的公钥加密方案；二是利用已有基于纠错码的身份认证方案并使用FS准则[19]转换成数字签名方案；三是构建校验子空间的一个特殊子集合，使得签名者能够进行可逆操作。通过Niederreiter加密方案[10]构造出来的CFS数字签名方案[12]属于第一种方法。Niederreiter公钥加密算法和McEliece公钥加密算法的安全性是等价的[93]，如果攻击者能够成功攻击 M 方案，则他也能够成功攻击 N 方案，反之亦然。在 N 公钥加密方案中，公钥是Goppa码 C 的奇偶校验矩阵 $\boldsymbol{H}_0$ 的置换矩阵 $\boldsymbol{H}$，私钥为Goppa码 C 的快速译码算法 γ。Goppa码 C 的纠错能力为 t，明文 $\boldsymbol{x}$ 是一个错误向量，其重量为 t。在加密阶段，消息 $\boldsymbol{x}$ 的密文由 $\boldsymbol{y}=\boldsymbol{H}\boldsymbol{x}^{\mathrm{T}}$ 计算获得，在解密阶段，可以使用校验子译码算法 γ 恢复消息 $\boldsymbol{x}$。具体的算法描述见算法1-5。

CFS数字签名算法是一种基于经典 N 公钥加密算法的签名算法，这种算法的数字签名过程可以归纳如下：

①使用公共哈希函数计算消息 m 的哈希值；

②将哈希值作为密文，并使用签名者的私钥进行解密；

③在消息 m 后面附加适当形式的解密结果作为签名值。

CFS 数字签名算法的详细描述参照算法 1-6。然而，对于基于纠错码的数字签名算法，要完成第二步相当困难。主要原因是 N 公钥加密算法输出的密文如果是一个低重量错误向量的校验子，这样就容易译码；然而，大部分时候，消息 m 不会转换成满足要求的校验子，这就是无效译码的原因。那些可以被成功译码的校验子，都是满足重量不超过所选 Goppa 码的译码能力 t 的错误向量的校验子。因此，CFS 签名算法实际上是一种概率签名算法，它不断变换消息的哈希值，直到找到可译码的校验子。

CFS 签名算法使用增量计数器来标记译码尝试次数，为了避免此计数器的安全风险，Dallot 等人研究了一种基于 CFS 签名算法但安全性很高的 mCFS 算法[43]，该算法的详细描述见算法 3-1。

算法 3-1　mCFS 数字签名算法
①KGen-mCFS（1^{κ}）密钥产生算法 ➢　选择二元不可规约（n，k）Goppa 码 C，该 Goppa 码的有效译码算法为 γ、纠错能力为 t，奇偶校验矩阵为 $\boldsymbol{H}_0$ ➢　随机选择有限域 $\boldsymbol{F}_2$ 上的 $(n-k)\times(n-k)$ 可逆矩阵 $\boldsymbol{N}$、$n\times n$ 的置换矩阵 $\boldsymbol{P}$ ➢　选择一个公共哈希函数 h：$\{0,1\}^*\longrightarrow\boldsymbol{F}_2^{n-k}$ ➢　系统的公钥为 $[h, t, \boldsymbol{H}=\boldsymbol{N}\boldsymbol{H}_0\boldsymbol{P}]$，私钥为 $[\boldsymbol{N}, \boldsymbol{H}_0, \boldsymbol{P}, \gamma]$ ②Sign-mCFS（m，$\boldsymbol{H}_0$）签名算法 签名者需要对消息 m 进行签名，签名过程如下： ➢　计算消息 m 的哈希值 $s=h$（m）

> ➢ 随机选择 $i\in\{1, 2, \cdots, 2^{n-k}\}$，译码算法 γ 尝试对$s_i=N^{-1}h(s||i)$进行译码，直到找到i_0，使得s_{i_0}是可译码的
>
> ➢ 如果设$x'=\gamma(s_{i_0})$，则签名为$(m||i_0||P^{-1}x')$
>
> ③Vf-mCFS（m，i，u，H）签名验证算法
>
> ➢ 计算 $a=\boldsymbol{Hu}^{\mathrm{T}}$，$b=h(h(m)||i)$
>
> ➢ 如果 $a=b$，则签名有效，否则，签名无效

Dallot在随机预言机模型下，基于SD问题和GD问题，给出了mCFS签名方案的严格的形式化证明[43]。由于mCFS签名算法的安全性水平高，所以目前大部分基于纠错码的数字签名方案都是通过mCFS签名算法构造的。尽管mCFS算法具有很高的安全性，但其实现效率低，即签名速度较低，主要原因在于需要进行太多次的校验子译码尝试。mCFS算法签名成功的概率分析如下。

对于（n，k）Goppa码C，其参数$n=2^m$，$k=n-mt$，可以计算出可译码校验子的数量为N_d，错误向量的校验子若是可译码的，则该错误向量的重量应该小于等于Goppa码C的纠错能力t，因此

$$N_d=\sum_{i=1}^{t}\binom{n}{i}\approx\binom{n}{t}\approx\frac{n^t}{t!}$$

显然，所有校验子的数量为$N_t=2^{n-k}=2^{mt}=n^t$。

算法3-1中的签名阶段Sign-mCFS，对于一个随机从$\{1, 2, \cdots, 2^{n-k}\}$中选择的$i$，其平均译码成功的概率为

$$P=\frac{N_d}{N_t}\approx\frac{n^t}{t!}\cdot\frac{1}{n^t}=\frac{1}{t!}$$

也就是说，经过$t!$次校验子译码尝试才能得到一个可译码的校验子，随着t的增加，这个数字会增长得相对更快，例如$t=10$，平均尝试$10!=3628800$次后可以得到一个有效签名。在文献[12]中，作者提出$t=9$，但在Bleichenbacher的攻击下[91]，这个参数不再安全，建议

参数 $m=15$，$t=12$ 或 $m=16$，$t=10$。从长远来看，为了避免新的攻击方法，所选择的 t 值一定会越来越大，校验子译码尝试次数呈指数级增长，为了得到一个有效的签名，签名速度将变得越来越慢，同时实现效率会变得越来越差。

下面分析 mCFS 签名算法效率低下的主要原因：消息的哈希值计算出的 s_i 一般情况下都不是 Goppa 码 C 的可译码的校验子，为了得到可译码的校验子，就要多次尝试译码 s_i，直到某个 s_i 刚好在 Goppa 码 C 的译码范围之内，这样才算译码成功，得到一个有效签名。本书的想法是，如果能够使得计算出来的 s_i 本身就是一个可译码的校验子或者可以以很大的概率是可译码的校验子，那么就可以提高签名效率，具体方案的构造过程参照下一节。

3.4 mCFS-PDH 签名方案的构造

3.4.1 全域哈希和部分域哈希

到目前为止，在数字签名方案中使用的哈希函数都是全域哈希函数（FDH，Full Domain Hash）[94]，这意味着这些函数的输出长度等于安全参数 K，并且哈希值几乎取遍 K 位字符串。

然而在一些特殊的签名方案中，例如基于 CFS 签名方案，FDH 函数将极大降低签名消息的速度，需要另外一种哈希函数来避免这个问题，这种特殊类型的哈希函数称为部分域哈希函数（PDH，Partial Domain Hash）。PDH 与 FDH 的区别在于 PDH 的哈希值是从 K 位字符串的子集中随机选取的。PDH 的形式化定义如下。

定义 3.3 (部分域哈希函数，PDH)

设 S 包含若干从$(0,1)^K$中随机选择的 K 位长的字符串的集合，一个哈希函数 h：$(0,1)^* \to S$，如果该哈希函数的输出在 S 上是均匀分布的，就称该哈希函数为 S 集合上的部分域哈希函数（S-PDH）。

S-PDH 可以定义 FDH 的概念，当 $S=(0,1)^K$时，S-PDH 就成为 FDH。

3.4.2 基于纠错码的哈希函数

首先构造出基于纠错码的哈希函数，然后再对 mCFS 签名方案进行改进。基于纠错码的哈希函数一般是通过压缩函数 f 对给定的消息进行多轮迭代运算，最后得到该消息的哈希值。从文献中可知，通过这种方式构造出来的哈希函数的安全性不低于所用压缩函数 f 的安全性[16]。使用迭代技术来构造哈希函数，其算法结构如图 3-1 所示，具体由 3 部分组成：预处理、迭代压缩过程和输出变换。迭代压缩过程中使用的压缩函数 f 是核心。

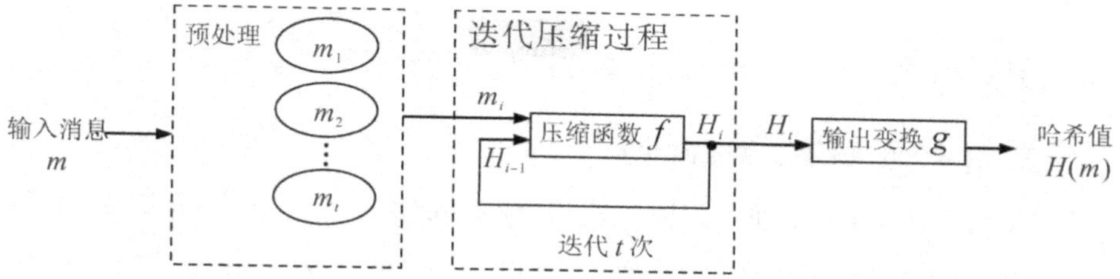

图 3-1 迭代哈希算法的一般结构

（1）预处理

为了把任意长度的消息转换成固定长度的哈希值，先将输入消息 m 划分成 t 个分组 m_i（$i=1, 2, \cdots, t$），每个分组 m_i 固定长度为 r 位，若最后一个分组 m_t 长度不够 r 位，则对最后一个分组 m_t 进行填充，使其长度也为 r。

（2）迭代压缩过程

压缩函数 f 有两个输入：一个是链接变量 H_{i-1}（上一分组 m_{i-1} 经

压缩函数 f 处理后的输出结果)，另一个是本次迭代的分组m_i。在开始迭代压缩之前，链接变量有一个 n 位长度的初始值 IV。对每个消息分组m_i重复使用压缩函数f 进行迭代压缩，然后，f 函数产生一个n 位的输出H_i，此输出作为下一次迭代的链接变量。通常 $r>n$，所以称 f 为压缩函数。迭代压缩的逻辑关系为

$$H_0=IV$$

$$H_i=f\ (H_{i-1},\ m_i)$$

(3) 输出变换

经过 t 轮迭代压缩变换以后得到H_t，H_t再经输出变换 g 变换以后得到输入消息 m 的哈希值，即 $H(m)=g(H_t)$。

一种哈希函数的构造，最核心的部分就是所使用的压缩函数。下面介绍一种基于纠错码困难问题的压缩函数的构造过程。

选择 $(n,\ k)$ Goppa 码 C，其中 $n=2^m$，$k=n-mt$，选择正整数 $\omega\mid n$，显然会有 $\omega=2^{m'}(m'<m)$。另取 $l=\dfrac{n}{\omega}=2^{m-m'}$。

定义 3.4 (正则字，regular)

在 $(n,\ k)$ Goppa 码C中，长度为n 的每一个字c 都可以分成等长的ω个块，每个块包含 l 比特位，如果一个重量为 ω 的字c 在每一块$((i-1)l,il]$$(i=1,2,\cdots,\omega)$内恰好有一个 1，则称字 c 为正则字。

$(n,\ k)$ Goppa 码 C 的校验矩阵为$(n-k)\times n$ 阶矩阵 $\boldsymbol{H}$，$\boldsymbol{H}$ 可以看成由 ω 个子矩阵组成，即 $\boldsymbol{H}=(\boldsymbol{H}_1,\ \boldsymbol{H}_2,\ \cdots,\ \boldsymbol{H}_\omega)$，每个子矩阵$\boldsymbol{H}_i=(h_j)$ $(i=1,\ 2,\ \cdots,\ \omega)$，$h_j$ 为矩阵 $\boldsymbol{H}$ 的第 j 列 $(j=(i-1)l+1,\ (i-1)l+2,\ \cdots,\ il)$。

算法 3-2　基于纠错码的压缩函数

➢ 输入：u 比特位长的数据，$u=\omega\log_2 l$

（1）对于任意的 $\boldsymbol{x}\in\boldsymbol{F}_2^u$，将 $\boldsymbol{x}$ 也按照校验矩阵 $\boldsymbol{H}$ 的划分方法，分成 ω 个块，即 $\boldsymbol{x}=(\boldsymbol{x}_1, \boldsymbol{x}_2, \cdots, \boldsymbol{x}_\omega)$，其中 $\boldsymbol{x}_i\in\boldsymbol{F}_2^{\log_2 l}$。

（2）将 $\boldsymbol{x}_i$ 转换成 1 至 l 之间的一个整数。

（3）选择子矩阵 $\boldsymbol{H}_i$ 的第 $\boldsymbol{x}_i$ 列，即 $\boldsymbol{h}_{(i-1)l+x_i}$。

（4）累加 ω 个选择的列以获得长度为 $r=mt$ 的二进制字符串，即 $z=\sum_{i=1}^{\omega}h_{(i-1)l+x_i}$

➢ 输出：长度为 r 比特位的哈希值

由算法 3-2 可知，该纠错码的压缩函数为 f：$\boldsymbol{F}_2^u\rightarrow\boldsymbol{F}_2^r$，即 $f(x)=z$。

定理 3.1：算法 3-2 构造的基于纠错码的压缩函数 f 的输出等价于长度为 n、重量为 ω 的正则字的校验子，即对于任意的 $f(x)$，一定存在正则字 c，使得 $f(x)=\boldsymbol{H}\boldsymbol{c}^{\mathrm{T}}$。

证明：由于 $f(x)=z=\sum_{i=1}^{\omega}h_{(i-1)l+x_i}$，设长度为 n 的字 $\boldsymbol{c}=(c_1, c_2, \cdots, c_n)$，$c_j=1\bigoplus\ \exists x_i$，$(i-1)\ l+x_i=j$，即存在 x_i，将它转换成某个数后，计算出所选择的列号刚好等于 c_j 的位置标号 j。由定义2.7，即校验子的定义可知，计算某个字的校验子等同于把该字非零位所对应的校验矩阵 $\boldsymbol{H}$ 的列进行累加，由这些定义可知，$f(x)$ 就是 c 的校验子，即 $f(c)=\boldsymbol{H}\boldsymbol{c}^{\mathrm{T}}$。由 c 的定义，在每一块 $((i-1)l,\ il)$ 内，有且只有一个 1，所以 c 是重量为 ω 的正则字。

定义 3.5（基于纠错码的哈希函数）

定义基于纠错码的哈希函数为 h_c：$(0, 1)^*\rightarrow\boldsymbol{F}_2^{n-k}$。

对于任意选择的消息 m，选择 (n, k) Goppa 码 C 并利用算法 3-2

得到压缩函数 f，采用文献[14]的迭代方法，最后得到的结果为消息 m 的哈希值。h_c就是将任意长度的消息 m 转换成输出长度为 $n-k$ 的字符串。

定理 3.2： 定义 3.5 中所构造出来的基于纠错码的哈希函数h_c，它的输出是一个重量为 ω、长度为 n 的正则字的校验子。

证明： 由 Augot 的循环迭代方法[16]可知，压缩函数 f 的输出值就是最后得到的哈希值，由定理 3.1 可知，对于任意长度的消息 m，$h_c(m)$就是一个重量为 ω、长度为 n 的正则字的校验子。

定义 3.6（正则校验子译码问题）（RSD 问题）

输入： ω 个维数为 $r\times\frac{n}{\omega}$的子矩阵$\boldsymbol{H}_i$，长度为 r 的向量 $\boldsymbol{s}$。

问题： 是否存在一个 ω 列的集合，每个子矩阵$\boldsymbol{H}_i$中出现一列，累加和为 $\boldsymbol{s}$?

显然，哈希函数h_c的单向性依赖这个正则校验子的译码问题，在文献[16]中已证明 RSD 问题为 NPC 问题。

3.4.3 mCFS-PDH 签名算法

在本节中，基于 mCFS 签名算法，应用定义 3.3 中的部分域哈希函数，构造出实现效率高并且是可证明安全的数字签名算法，称为 mCFS-PDH 签名算法。这种签名算法可以极大地提高 mCFS 算法的签名效率，而不会降低安全性。本书将在下一节中证明 mCFS-PDH 算法在随机预言机模型下是可证明安全的。

算法 3-3　mCFS-PDH **数字签名算法**
①KGen-mCFS-PDH（1^{κ}）密钥产生算法 ➢　选择二元不可规约（n，k）Goppa 码 C，该 Goppa 码 C 的纠错能力为 t，奇偶校验矩阵为$\boldsymbol{H}_0$，Goppa 码 C 的有效译码算法为 γ；

➢ 随机选择有限域$\boldsymbol{F}_2$上的 $n\times n$ 的置换矩阵$\boldsymbol{P}$；

➢ S 表示$\boldsymbol{F}_2^{n-k}$上所有可译码校验子集合的子集，选择一个公开的部分域哈希函数h_c：(0，1)* →**S**；

➢ 系统的公钥为［h_c，t，$\boldsymbol{H}=\boldsymbol{H}_0\boldsymbol{P}$］，私钥为［$\boldsymbol{H}_0$，$\boldsymbol{P}$，$\gamma$］。

②Sign-mCFS-PDH（m，$\boldsymbol{H}_0$）签名算法

签名者需要对消息 m 进行签名，签名过程如下：

➢ 随机选择 $i\in$（1，2，…，2^{n-k}），译码算法 γ 对 $\mathbf{s}=\mathbf{h_c}$（m||i）进行译码；

➢ 设$\boldsymbol{x}'=\gamma$（s），则签名为($m||i||\boldsymbol{x}'\boldsymbol{P}$)。

③Vf-mCFS-PDH (m，i，u，H)签名验证算法

➢ 计算 $a=\boldsymbol{H}\boldsymbol{u}^T$)，$\mathbf{b}=\mathbf{h_c}$)（$m||i$）；

➢ 如果 $a=\mathbf{b}$，则签名有效，否则签名无效。

算法 3-3 中的正确性验证过程如下：如果（m，i，u）是通过以上算法产生的合法的消息签名对，那么

$$\mathbf{a}=\boldsymbol{H}\boldsymbol{u}^{\mathrm{T}}=\boldsymbol{H}_0\boldsymbol{P}(\boldsymbol{x}'\boldsymbol{P})^{\mathrm{T}}=\boldsymbol{H}_0\boldsymbol{P}\boldsymbol{P}^{\mathrm{T}}\boldsymbol{x}'^{\mathrm{T}}=\boldsymbol{H}_0\boldsymbol{x}'^{\mathrm{T}}=\mathbf{s}=\mathbf{h_c}(m||i)=\mathbf{b}$$

3.4.4 mCFS-PDH 算法性能分析

对所构造的 mCFS-PDH 签名算法进行性能分析，并与 mCFS 签名算法进行比较。

3.4.4.1 算法效率分析

由 mCFS-PDH 签名算法的执行过程可知，在签名阶段，只需要对消息 m 执行一次哈希运算和一次校验子译码运算。由定理 3.2 可知，哈希函数h_c的输出一定是一个重量为ω、长度为 n 的正则字的校验子，不会超过所选 Goppa 码 C 的译码能力 t。通过校验子译码算法 γ，总是

可以译出重量为 ω、长度为 n 的正则字。mCFS 签名算法要经过 $t!$ 次尝试，才能获得一个可译码的校验子，mCFS-PDH 签名算法通过哈希函数h_c的值，直接进行译码，减少了译码尝试的次数，大大提高了签名的速度。为了提高安全性，要选择较大的 t，而由于 mCFS-PDH 签名算法与参数 t 无关，即使选择较大值的 t，也不会减少签名速度。表 3-1 是 mCFS-PDH 算法与 mCFS 算法的效率对比表。

表 3-1　mCFS-PDH 算法与 mCFS 算法的效率对比

签名算法	签名消耗		实际消耗（$t=10$）	
	哈希运算	译码运算	哈希运算	译码运算
mCFS	$t!+1$	$t!$	3628801	3628800
mCFS-PDH	1	1	1	1

3.4.4.2　算法安全性分析

本书所构造的算法 mCFS-PDH 签名算法与 mCFS 签名算法相比，主要将原来的随机哈希函数 h 替换为基于纠错码的部分域哈希函数h_c，用带有陷门信息的哈希函数替代普通的哈希函数，所选 Goppa 码 C 的有效译码算法 γ 就是这个陷门信息。对于带有陷门信息的哈希函数，不知道陷门的人是无法计算的，而掌握陷门的人则很容易计算哈希值的逆。

在新算法 mCFS-PDH 中，由于签名者自己才拥有私钥 γ，其他人都无法获取 γ 的信息。只要私钥 γ 保密，基于纠错码的部分域哈希函数h_c的安全性就能够保证，所以这一改动不会降低方案的安全性。Dallot 给出了 mCFS 签名方案的严格的形式化证明[39]，并将其安全性归约到随机预言机模型下的 SD 问题和 GD 问题。mCFS-PDH 的安全性就等同于 mCFS 的安全性，表 3-2 是 mCFS-PDH 算法与 mCFS 算法的安全性对比表。

表 3-2 mCFS-PDH 算法与 mCFS 算法的安全性对比

签名算法	依赖的困难问题	安全性
mCFS	SD，GD	NPC
mCFS-PDH	RSD，GD	NPC

3.5 mCFS-PDH 签名方案的安全性证明

数字签名方案Π＝(KGen，Sign，Vf)主要由以下 3 个算法组成。

①KGen (1^{κ})：密钥生成算法 KGen (1^k)是一个概率多项式时间的算法，输入安全参数 k，输出一对公私密钥对（pk，sk），pk 为公钥，sk 为私钥；

②Sign (sk，m)：签名算法 Sign (sk，m)是一个概率多项式时间的算法，输入私钥 sk 以及待签名的消息 m，输出一个有效的签名 σ；

③Vf (pk，m，σ)：验证算法 Vf (pk，m，σ)是一个确定性的算法，输入公钥 pk、消息 m 以及签名 σ，如果验证签名有效，则输出 1；否则，输出 0。

数字签名方案的安全性，可通过下面存在性不可伪造（Existential Unforgeability）游戏来刻画（简称 EUF 游戏）。

①初始阶段：挑战者产生系统 ε 的公私密钥对（pk，sk），敌手 A 获得系统的公钥；

②阶段 1（签名询问）：敌手 A 执行以下的多项式有界次适应性询问；

敌手 A 提交 m_i，挑战者计算 σ_i＝Sign（sk，m_i）并返回给敌手 A；

③输出：敌手 A 输出（m，σ），如果 m 没有在阶段 1 的询问中出

现并且 Vf （pk，m，σ） $=1$，则 A 攻击成功。

敌手 A 的优势就是它获胜的概率，记为$\mathrm{AdvSig}_{\varepsilon,A}^{\mathrm{CMA}}(K)$，其中 K 为系统安全参数。

定义 3.7 (适应性选择消息攻击下的存在性不可伪造) (EUF-CMA)

数字签名方案 Ⅱ =（KGen，Sign，Vf）称为在适应性选择消息攻击下具有存在性不可伪造（Existential Unforgeability Against Adaptive Chosen Messages Attacks，EUF-CMA），简称 EUF-CMA 安全，如果对于任何多项式有界时间的敌手，存在一个可忽略的函数 negl（K），使得

$$\mathrm{AdvSig}_{\varepsilon,A}^{\mathrm{CMA}}(K)\leqslant \mathrm{negl}(K)$$

通过证明下面的定理 3.3，来证明我们所构造出来的算法 3-3，即 mCFS-PDH 签名算法在随机预言机模型下是 EUF-CMA 安全的。

定理 3.3：如果 RSD 问题相对于 KGen-mCFS-PDH 来说是个困难问题，把H_c看作一个随机预言机，那么算法 3-3 在适应性选择消息攻击下具有存在性不可伪造，即算法 3-3 是 EUF-CMA 安全的。

证明：让 Ⅱ =（KGen-mCFS-PDH，Sign-mCFS-PDH，Vf-mCFS-PDH）表示算法 3.3 的构造，符号 A 表示概率多项式时间的敌手，定义

$$\varepsilon(K)\overset{\mathrm{def}}{=}Pr[\text{Sig-forge}_{A,\mathrm{II}}(K)=1]$$

$\text{Sig-forge}_{A,\mathrm{II}}(K)$游戏按以下步骤描述：

①随机选择一个部分域哈希函数h_c；

②运行 KGen-mCFS-PDH（1^{κ}）程序，获得公钥为［t，$\boldsymbol{H}=\boldsymbol{H}_0\boldsymbol{P}$］，私钥为［$\boldsymbol{H}_0$，$\boldsymbol{P}$，$\gamma$］；

③将公钥 $pk=[t, \boldsymbol{H}]$ 给敌手 A，敌手 A 可以查询随机预言机 $h_c(\cdot)$和签名预言机 Sign-mCFS-PDH（·），当敌手 A 请求对（m，r）进行签名时，先计算 $\gamma(h_c(m||r))=\boldsymbol{x}'$，则签名 $\boldsymbol{\sigma}=(\boldsymbol{x}'\boldsymbol{P})$；

④最后，敌手 A 输出一对签名（m，r，$\boldsymbol{\sigma}$），此处的（m，r）没有在之前询问过签名预言机，如果 $\boldsymbol{H}\boldsymbol{\sigma}^{\mathrm{T}}=\boldsymbol{H}(\boldsymbol{x}'\boldsymbol{P})^{\mathrm{T}}=h_c(m||r)$，则游戏输出为1，否则输出为0。

设$q_h=q_h(K)$表示多项式有界次的哈希查询，$q_\sigma=q_\sigma(K)$表示多项式有界次的签名查询。我们考虑的是查询消息和随机数对（m，r），因此（m，r）的数量不会超过q_h。

为了简化问题，我们假设不失一般性：

①A 永远不会对同一个数询问随机预言机两次；

② 如果 A 请求对（m，r）进行签名询问，则之前已经对（m，r）询问过$h_c(m, r)$；

③如果 A 输出一对签名（m，r，σ），则之前已经对（m，r）询问过$h_c(m, r)$。

构造如下的算法 B。

该算法的输入为（t，$\boldsymbol{H}_0^*$，$\boldsymbol{P}^*$，s^*）。

①随机选择（m^*，r^*），表示猜测敌手 A 想要攻击的某一对数。

②把公钥 $pk=[t, H^*=H_0^*P^*]$ 给敌手 A。存储四元组（·，·，·，·）在表格 Λ 中，初始值为空。表格 Λ 中的每一个四元组（m_i，r_i，s_i，$\boldsymbol{x}_i$），表示 B 设置了$s_i=h_c(m_i, r_i)$，并且$s_i=H_0^*\boldsymbol{x}_i^{\mathrm{T}}$。

③当敌手 A 对（m_i，r_i）询问随机预言机h_c（m_i，r_i）时，做如下的应答：

• 如果 $(m_i, r_i)=(m^*, r^*)$，返回值为s^*；

• 否则，随机选择$x_i\in\{v\in F_2^n \mid wt(v)\leqslant t\}$，计算$s_i=H_0^* \boldsymbol{x}_i^{\mathrm{T}}$，将$s_i$作为询问的返回值，并把四元组 $(m_i, r_i, s_i, \boldsymbol{x}_i)$ 存储在表格 Λ 中。

④当敌手 A 对 (m_i, r_i) 询问签名时，做如下的应答：

• 如果 $(m_i, r_i)\neq(m^*, r^*)$，B 在表格 Λ 中找到四元组 (m_i, r_i, s_i, x_i)，返回签名值$\sigma_i=[\boldsymbol{x}_i\boldsymbol{P}^*, r_i]$；

• 如果 $(m_i, r_i)=(m^*, r^*)$，游戏结束，归约失败。

⑤最后，A 输出消息-签名对 (m, r, σ)，$m=m_i$，$r=r_i$：

• 如果 $(m_i, r_i)\neq(m^*, r^*)$，游戏结束，归约失败；

• 如果 $(m_i, r_i)=(m^*, r^*)$，B 计算并检查$s^*=\boldsymbol{H}^*(\boldsymbol{\sigma})^{\mathrm{T}}$是否成立，如果成立，则输出 σ 作为参数为H_0^*和s^*的 RSD 问题的解。

很显然，算法 B 在概率多项式的时间内运行。算法 B 的输入参数 $[t]$ 是通过运行 KGen-mCFS-PDH (1^n)来获得的，选择$s^*\leftarrow\boldsymbol{F}_2^{n-k}$是随机均匀分布的。在第一步中，由 B 选择的一对猜测值 (m^*, r^*) 代表 A 在此处的 Oracle 查询，将对应于 A 的最终伪造签名的输出。当这一对猜测值正确时，A 作为 B 的子程序在算法 B 的视图与 A 在游戏 Sig-forge$_{A,\mathrm{II}}(K)$中的视图具有相同的分布。这是因为 A 作为 B 的子程序的q_h次随机 Oracle 查询，确实以一个随机值来应答：

• 查询$h_c(m^*, r^*)$ 得到的返回值是s^*，s^*是从 $\boldsymbol{F}_2^{n-k}$中随机均匀选择的；

• 查询$h_c(m_i, r_i)$，当 $(m_i, r_i)\neq(m^*, r^*)$ 时，返回值为$s_i=\boldsymbol{H}_0^* \boldsymbol{x}_i^{\mathrm{T}}$，由于$x_i$是从$\boldsymbol{F}_2^n$中随机均匀选择的，因此$s_i$在$\boldsymbol{F}_2^{n-k}$是随机均匀分

布的。

此外，从 A 的视图来看，（m^*，r^*）是独立的，除非 A 恰好在（m^*，r^*）上请求签名。但在这种情况下，B 的猜测就是错误的，因为一旦 A 请求（m^*，r^*）上的签名，A 就不能在（m^*，r^*）上输出伪造签名。

当 B 猜测正确并且 A 输出伪造签名时，则 B 解决了给定的 RSD 问题。B 猜测正确的概率为 $\frac{1}{q_h}$，A 输出一对有效签名的概率是 $\left(1-\frac{1}{q_\sigma}\right)^{q_\sigma}$，因此

$$Pr\left[\text{RSD}-\text{inv}_{B,\text{KGen}(K)}=1\right]=\varepsilon(K)\cdot\frac{1}{q_h}\cdot\left(1-\frac{1}{q_\sigma}\right)^{q_\sigma}\approx\frac{\varepsilon(K)}{\text{e}\,q_h}$$

因为 RSD 问题相对于 KGen-mCFS-PDH 来说是个困难问题，存在一个可忽略的函数 ngel，使得

$$Pr\left[\text{RSD}-\text{inv}_{B,\text{KGen}(K)}=1\right]\leqslant\text{negl}(K)$$

由于q_h是多项式有界次数，e 是一个自然常数，因此 $\varepsilon(K)$也是一个可忽略的函数，从而定理得证。

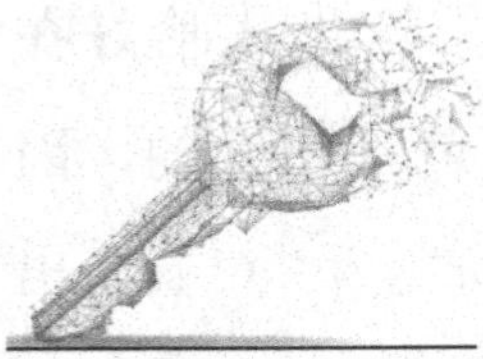

第 4 章　基于纠错码的可证明安全的盲签名方案

4.1　引　言

数字签名是一种广泛应用于电子商务平台和云计算平台的密码学方案。数字签名为通过不安全信道发送的消息提供了安全性和完整性验证。通常，数字签名方案中有两个实体，即用户和签名者。但是，有些情况下我们需要在签名阶段保护用户信息的盲性。一般的数字签名方案并不提供签名的匿名属性，因此，Chaum 设计了一种具有特殊性质的签名方案，称为盲签名[53]。盲签名是一种交互式协议，用户可以在将消息发送给签名者之前添加盲因子[95]，签名者只能获得一条盲化的消息，并且对原始消息一无所知，从而保护用户信息的盲性。更明确地说，假如我们在电子投票中使用盲签名，选民可以在他的票上写下盲化后的候选人信息，签名者可以进行签名，但他不能获得任何候选人信息，因为该信息已经盲化过了。最后，选民得到一张没有泄露隐私的签名票。在 Chaum 提出他的盲签名设计方案之后，相继出现了很多盲签名方案，例如 Rückert 的基于格的盲签名[96]，Chow 的基于双线性配对的盲签名[97]。基于纠错码的 QC（Quasi-Cyclic）盲签名方案[54]和基于 N 公钥的盲签名方案[55]，虽然可以抵抗已知的量子攻击算法，但是 QC 盲签名方案的签名长度太长，限制了实际应用；而基于 N 公钥的盲签名方案不满足存在性不可伪造。

本章所要构造的基于纠错码的盲签名方案也是基于经典的 CFS 签名算法，在第 3 章中也已经详细讨论过 CFS 算法的缺陷，为了得到一个可译码的校验子，平均需要 $t!$ 次译码尝试。为了保证在可接受的时间内得到一个有效的签名，则 $t \leqslant 9$；另一方面，CFS 算法的安全性要求会导致 Goppa 码长度的增加。从现实应用来说，安全性的提高不应该使得公钥大小、签名和验证的开销也增大。但在 CFS 签名算法中，增大了 t，安全性提高了，但公钥大小、签名和验证的开销也增大了，这是一对矛盾。假如我们直接利用 CFS 签名算法来构造盲签名方案，平均需要对盲化的消息尝试 $t!$ 次才能得到一个有效的签名，这种方式签名的效率很低，因此，很有必要构建高效的基于纠错码的盲签名而不以牺牲安全性为代价。

本章构造了一种全新的基于 2-正则字校验子译码问题的盲签名方案，通过第 3 章构造的基于纠错码的哈希函数来产生一个可译码的校验子，与一般的哈希函数不同，基于纠错码的哈希函数运算的结果一定是一个可译码的校验子，这样签名者只需要一次译码就可以得到一个有效的签名。我们所构造的盲签名方案是目前效率最高并且是可证明安全的抗量子攻击的盲签名方案。

4.2 盲签名

4.2.1 定 义

本章中利用到的概念、定义和定理，如已在其他章节中介绍过了，就不再重复定义，而是直接引用；下面定义本章中要利用到的一些概念、安全模型、困难问题，并且是在其他章节中没有介绍过的。

（1）盲签名的基本概念

1982 年，Chaum 在美密会上提出了盲签名的概念[53]。通常，盲签名方案是用户 User 和签名者 Signer 之间的交互协议，如果协议正确执行，持有特定消息 M 的用户 User 最终将通过签名者 Signer 获得消息 M 的数字签名 σ；Signer 不知道消息 M 的内容，即使以后公布（M，σ），他也不能追踪消息和执行签名过程之间的关系。

（2）盲签名的安全性需求

如果满足下面 3 个性质，则称一个盲签名方案是安全的。

①正确性：签名算法正确执行后，其输出结果为消息 M 的签名 σ，总是会满足 Verify（params，pk，M，σ）$=1$；

②不可伪造性：对于所有不掌握签名人私钥 sk 信息的人，都无法有效地计算出消息-签名对（M^*，σ^*），使其能够通过签名验证方程的验证；

③盲性：除请求签名的用户外，任何人（包括签名者）都无法将交互协议、签名算法所产生的会话信息与最终的盲签名正确地匹配起来。如果签名者能将其会话信息与最终所得的签名正确匹配，他就能够跟踪签名。

（3）**2-regular** 和 2-RSD 问题

（n，k）Goppa 码 C 的校验矩阵为（$n-k$）$\times n$ 的矩阵 $\boldsymbol{H}$，$\boldsymbol{H}$ 可以看成由 ω 个子矩阵组成，即 $\boldsymbol{H}=(\boldsymbol{H}_1, \boldsymbol{H}_2, \cdots, \boldsymbol{H}_\omega)$，每个子矩阵 $\boldsymbol{H}_i=(h_j)$（$i=1, 2, \cdots, \omega$），h_j 为矩阵 $\boldsymbol{H}$ 的第 j 列（$j=(i-1)l+1$，$(i-1)l$

+2，…，il)。

2-**正则字**是在正则字（定义3.4）的基础上定义的。

定义4.1 2-正则字（2-regular）

2-**正则字**是Goppa码C中的重量小于或等于2ω的字，在每一个块中要么全为0，要么只有两个1，也就是说，2-**正则字**是2个正则字的和。

定义4.2 2-正则字校验子译码问题（2-RSD问题）

输入： ω个维数为$r\times\frac{n}{\omega}$的子矩阵$\boldsymbol{H}_i$，长度为r的向量$\boldsymbol{s}$。

问题： 是否存在一个$2\omega'$（$0<\omega'\leqslant\omega$）列的集合，每个子矩阵$\boldsymbol{H}_i$中要么出现0列，要么出现2列，累加和为$\boldsymbol{s}$？

K表示系统的安全参数，negl (K)表示可忽略的函数，对于任何概率多项式时间的敌手A，$Pr\left[\mathrm{Succ}_A^{2-\mathrm{RSD}}\right]$表示$A$破解2-RSD问题的概率，如果2-RSD问题是困难的，则$Pr\left[\mathrm{Succ}_A^{2-\mathrm{RSD}}\right]\leqslant$negl ($K$)。2-RSD问题已在文献[14]中被证明为NPC问题。

4.2.2 盲签名的结构

一个盲签名方案一般包括两个交互的实体：用户和签名者[54]。盲签名方案的流程示意图如图4-1所示。

盲签名方案一般由以下6个算法组成：

①密钥生成算法KeyGen (K)：对于给定的安全参数K，KeyGen (K)产生公私密钥对（pk，sk），私钥sk由签名者保留，公钥pk可以公开。

②盲化算法Blind (pk，M，β)：输入签名者的公钥pk、用户的消息M以及所选择的盲化因子β，算法输出盲化后的消息M'。

③盲化签名算法Sign (pk，sk，M')：输入签名者的公私密钥对

（pk，sk）以及盲化后的消息M'，算法输出盲化后的签名σ'。

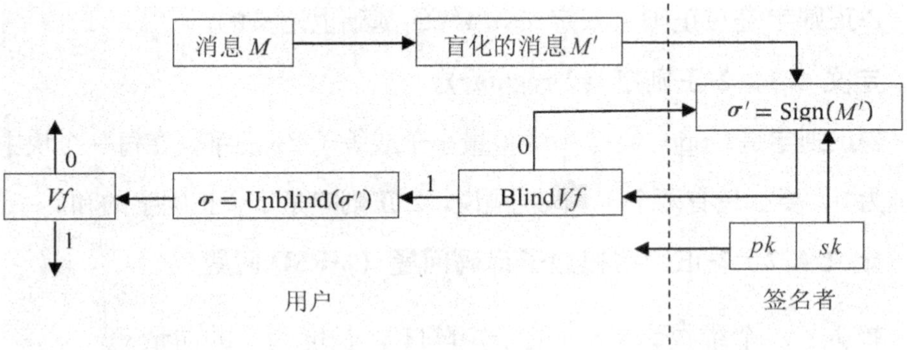

图 4-1　盲签名方案流程图

④盲化签名验证算法 BlindVf（pk，M'，σ'）：输入签名者的公钥 pk、盲化后的消息M'以及盲化后的签名σ'。如果σ'是个有效签名，则继续进行下一步操作；否则，返回上一步操作。

⑤去盲算法 Unblind（σ'，β）：输入盲化后的签名σ'以及盲化因子β，算法输出最终的签名σ。

⑥签名验证算法 Vf（pk，M，σ）：输入签名者的公钥 pk、消息 M 以及去盲后的最终签名σ。若σ是有效签名，则算法输出值为 1；否则，输出值为 0。

4.2.3　盲签名的安全模型

盲签名方案是一种特殊的数字签名方案，除了具有普通签名方案的性质外，还应该满足以下属性。

（1）正确性

对于任意给定的消息 M，盲化因子β，有效的密钥对（pk，sk），以下式子应该是成立的：

$Vf(pk, M, \text{Unblind}(\text{Sign}(pk, sk, \text{Blind}(pk, M, \beta)), \beta))=1$

（2）盲性

盲性是盲签名方案的主要特性，也称为匿名性，即使签名者对消息进行签名，也得不到任何消息的内容。也就是说，其他人包括签名者对消息内容都是不可见的，除了请求签名的用户外。

M_0、M_1表示两个具有相同长度的任意消息，签名者 S 和两个诚实的用户U_0，U_1进行以下交互式的游戏。

①随机选择一个比特位 $b\in\{0, 1\}$，把M_b传给U_0，把M_{1-b}传给U_1。

②用户U_0和U_1分别使用他们的盲化因子对消息M_b和M_{1-b}进行盲化，得到盲化后的消息M'_b和M'_{1-b}。

③签名者 S 分别从用户U_0和U_1那获得盲化后的消息M'_b和M'_{1-b}，然后产生对应的盲化后的签名σ'_b和σ'_{1-b}。

④用户U_0和U_1分别获得盲化后的签名σ'_b和σ'_{1-b}以后，进行盲化签名验证，如果是无效签名，则返回第③步，签名者 S 重新进行盲化签名；如果是有效签名，则执行去盲算法，获得最终的签名σ_b和σ_{1-b}。最后执行签名验证算法，如果为有效签名，将σ_b和σ_{1-b}返回给签名者 S；否则返回上一步。

⑤签名者 S 输出一个比特位b'。

如果满足盲性的话，那么以下签名者 S 赢得这个游戏的优势应该是可忽略的：

$$\text{Adv}_S=\left|Pr[b'=b]-\frac{1}{2}\right|$$

(3) 不可伪造性

任何不知道签名者私钥 sk 的人，都无法伪造消息－签名对（M^*，σ^*），使得它能够通过签名验证算法的验证。

数字签名方案的安全性，通过下面存在性不可伪造（Existential Unforgeability）游戏来刻画（简称 EUF 游戏）。

①初始阶段：挑战者产生系统Ⅱ的公私密钥对（pk，sk），敌手 A 获得系统的公钥；

②阶段 1（哈希询问和签名询问）：敌手 A 执行以下的多项式有界次适应性哈希询问和签名询问；

③输出：敌手 A 输出（M，σ），如果 M 没有在阶段 1 的签名询问中出现并且 Vf（pk，M，σ）$=1$，则 A 攻击成功。

敌手 A 的优势就是它获胜的概率，记为$\mathrm{AdvSig}_{\Pi,A}^{\mathrm{EUF\text{-}CMA}}(K)$，其中 K 为系统安全参数。

数字签名方案Ⅱ=（KGen，Sign，Vf）称为在适应性选择消息攻击下存在性不可伪造（Existential Unforgeability Against Adaptive Chosen Messages Attacks，EUF-CMA），简称为 EUF-CMA 安全，如果对于任何多项式有界时间的敌手，存在一个可忽略的函数 negl（K），使得

$$\mathrm{AdvSig}_{\Pi,A}^{\mathrm{EUF\text{-}CMA}}(K) \leqslant \mathrm{negl}(K)$$

4.3 基于纠错码的盲签名方案的构造

随机线性码的 SD 问题是 NPC 问题。本节中构造一种基于 CFS 算法的盲签名方案，该方案的安全性基于 2-RSD 和 GD 问题，详细构造过程参照算法 4-1。

算法 4-1 基于纠错码的盲签名

①密钥生成算法 KeyGen (K)：对于给定的系统安全参数 K

➢ 选择两个正整数 m 和 m' ($m'<m$)，计算 $n=2^m$，$\omega=2^{m'}$，$l=\frac{n}{\omega}=2^{m-m'}$，$t=2\omega=2^{m'+1}$；

➢ 选择二元不可规约 (n，k) Goppa 码 C，该 Goppa 码 C 的纠错能力为 t，奇偶校验矩阵为 $\boldsymbol{H}_0$，Goppa 码 C 的有效译码算法为 γ；

➢ 随机选择有限域 F_2 上的 $n\times n$ 的置换矩阵 $\boldsymbol{P}$，计算 $\boldsymbol{H}=\boldsymbol{H}_0\boldsymbol{P}$；

➢ 通过 $\boldsymbol{H}$，构造基于纠错码的哈希函数 h_H：$\{0，1\}^* \to \{0，1\}^{n-k}$；

➢ 系统的公钥为 $[h_{\boldsymbol{H}}，t，\boldsymbol{H}]$，私钥为 $[\boldsymbol{H}_0，\boldsymbol{P}，\gamma]$。

②盲化算法 Blind (pk，M，β)：

当用户有一个消息 M 想让签名者进行盲签名时：

➢ 计算 $s=h_H$ (M)，随机选择一个 (n，ω) 正则字 β 作为盲化因子；

➢ 计算盲化后的消息 $s'=s+\beta\boldsymbol{H}^{\mathrm{T}}$；

➢ 将 s' 发送给签名者。

③盲化签名算法 Sign (pk，sk，M')：

当签名者接收到 s'，做如下的操作：

➢ 通过有效译码算法 $\gamma(s')$，得到一个错误向量 $\boldsymbol{z}_b$；

➢ 对 $\boldsymbol{z}_b$ 进行置换操作，$\boldsymbol{z}'=\boldsymbol{z}_b\boldsymbol{P}$；

➢ 将 $\boldsymbol{z}'$ 发送给用户。

④盲化签名验证算法 BlindVf (pk，M'，z')：

当用户接收到 $\boldsymbol{z}'$，做如下的操作：

➢ 计算 $\boldsymbol{z}'\boldsymbol{H}^{\mathrm{T}}$ 是否等于 $\boldsymbol{s}'$；

➢ 如果 $\boldsymbol{z}'\boldsymbol{H}^{\mathrm{T}}=\boldsymbol{s}'$，继续下一步的操作；

➢ 如果$\boldsymbol{z}'\boldsymbol{H}^{\mathrm{T}}\neq s'$，返回上一步的操作。

验证过程如下：

$$\boldsymbol{z}'\boldsymbol{H}^{\mathrm{T}}=\boldsymbol{z}_b\boldsymbol{P}\,\boldsymbol{P}^{\mathrm{T}}\boldsymbol{H}_0^{\mathrm{T}}=\boldsymbol{z}_b\boldsymbol{H}_0^{\mathrm{T}}=\boldsymbol{s}'$$

⑤去盲算法 Unblind (z'，β)：

当用户接收到z'，进行盲化签名验证有效以后，做如下的操作：

➢ 用盲化因子β对z'进行去盲操作，即 $z=z'+\beta$；

➢ 计算 z 的标号I_z：$I_z=1+\binom{i_1}{1}+\binom{i_2}{2}+\cdots+\binom{i_{wt(z)}}{wt\,(z)}$，其中 i_1，…，$i_{wt(z)}$是 z 中取值为 1 的位置标号，I_z作为消息的签名σ。

➢ 将消息-签名对（M，σ）公布。

⑥签名验证算法 Vf（pk，M，σ）：

为了检验消息-签名对（M，σ）的有效性，验证者做如下操作：

➢ 根据签名σ中的标号I_z恢复出 z；

➢ 检验 $wt\,(z)$是否小于或相等 $t+\omega$，如果满足，继续后面的验证；否则，终止后面的验证过程，输出 0；

➢ 分别计算$\boldsymbol{s}_1=\boldsymbol{z}\,\boldsymbol{H}^{\mathrm{T}}$和$\boldsymbol{s}_2=h_H(M)$；

➢ 如果s_1和s_2相等，则输出 1；否则，输出 0。

4.4 安全性证明

在本节中，证明了所构造的基于纠错码的盲签名算法的正确性、盲性以及不可伪造性，其安全性基于 2-RSD 问题和 GD 问题。

4.4.1 正确性

如果用户和签名者严格按照算法 4-1 进行操作，则所产生的一定是消息的正确的盲签名，下面证明算法 4-1 的正确性。

对消息-签名对（M，σ），根据签名 σ 中的标号 I_z 恢复出 z，检验 $wt(z)$ 是否小于或等于 $t+\omega$，如果满足，则有

$$s_1=z\boldsymbol{H}^{\mathrm{T}}, \quad s_2=h_H(M)$$

$$\begin{aligned} s_1 &= z\boldsymbol{H}^{\mathrm{T}} \\ &= (z'+\beta)\boldsymbol{H}^{\mathrm{T}} \\ &= z_b\boldsymbol{P}\boldsymbol{H}^{\mathrm{T}}+\beta\boldsymbol{H}^{\mathrm{T}} \\ &= z_b\boldsymbol{P}\boldsymbol{P}^{\mathrm{T}}\boldsymbol{H}_0^{\mathrm{T}}+\beta\boldsymbol{H}^{\mathrm{T}} \\ &= z_b\boldsymbol{H}_0^{\mathrm{T}}+\beta\boldsymbol{H}^{\mathrm{T}} \\ &= s'+\beta\boldsymbol{H}^{\mathrm{T}} \\ &= s \\ &= h_H(M) \\ &= s_2 \end{aligned}$$

显然，$s_1=s_2$，签名 σ 为有效签名。

4.4.2 盲 性

接下来，使用 4.2.3 节里所描述的盲性的安全性模型来证明所构造的盲签名方案的盲性。

①如果 S 得到$\perp$，那么它意味着 S 对 b 一无所知，S 只输出一个随机猜测比特位 b'，因此 $Pr[b'=b]=\frac{1}{2}$。

②如果 S 得到 $\sigma(M_b)$ 和 $\sigma(M_{1-b})$。

- 对于 $i=(0, 1)$，(s'_i, z'_i) 表示盲签名协议期间交换的数据；
- S 接收到两对数据 (s'_0, z'_0) 和 (s'_1, z'_1)；

➢ 假如对于每个 i 和 j，存在两个盲化因子，能够把（s'_i，z'_i）映射到（s_j，z_j），甚至映射到$h_H(M_j)$。本书认为 S 不能映射原始消息和盲化的消息；

➢ 定义与s_j和z_j相对应的盲化因子 $\beta = z'_i + z_j$，于是便有下面的公式：

$$\begin{aligned} s'_i &= z'_i \boldsymbol{H}^{\mathrm{T}} \\ &= z_j \boldsymbol{H}^{\mathrm{T}} + z'_i \boldsymbol{H}^{\mathrm{T}} + z_j \boldsymbol{H}^{\mathrm{T}} \\ &= z_j \boldsymbol{H}^{\mathrm{T}} + \beta \boldsymbol{H}^{\mathrm{T}} \\ &= s_j + \beta \boldsymbol{H}^{\mathrm{T}} \\ &= h_H(M_j) + \beta \boldsymbol{H}^{\mathrm{T}} \end{aligned}$$

总是存在一个盲化因子，使得 S 能够把（s'_i，z'_i）映射到（s_j，z_j），反之亦然。因此，可以说消息对 S 是不可见的，S 只能从盲化的消息中以概率$\frac{1}{2}+\mathrm{negl}(K)$提供一个 b 的猜测值。

4.4.3 不可伪造性

为了证明所构造盲签名方案的不可伪造性，本书将采用 Shoup 的方法[98]来证明，即产生将 EUF-CMA 游戏与 2-RSD 游戏相关的一系列游戏。每个游戏都是对前一个游戏的轻微修改，这样容易评估两个游戏之间的差异。因此，归约的质量可以很容易地进行量化。为了描述方便，将所构造的盲签名方案称为 BLIND 方案。

A 是一个（τ，q_H，q_Σ）的敌手，A 要攻击盲签名方案 BLIND。

游戏 0 游戏 0 为方案 BLIND 的 EUF-CMA 游戏，具体过程见图 4-2。将敌手赢得游戏 i 的概率记为 $Pr[S_i]$，因此由图 4-2 中 BLIND 的

EUF-CMA 游戏可知，$Pr[S_0]=\text{Succ}_{\text{BLIND}}^{\text{EUF-CMA}}(A)$。

为了简化证明，在这里给出一些定义。有 2 个随机 Oracle，即哈希 Oracle H 和签名 Oracle Σ，并且在证明的过程中有 3 个列表$\Lambda(M)$、$\Lambda_H(M, e)$ 和$\Lambda_\Sigma(M)$。$\Lambda(M)$ 以消息 $M\in\{0, 1\}^*$ 作为索引，$\Lambda(M)$ 列表中存储的值为 $e\in \boldsymbol{F}_2^n$，通过这个值，模拟器可以将相应的消息 M 散列为 2-正则字的校验子。$\Lambda_H(M, e)$ 以 (M, e) 作为索引，$\Lambda_H(M, e)$ 列表中存储的值为 $((s', z), z')$，s'是以 M 作为输入值的哈希函数的输出，$z'\in \boldsymbol{F}_2^n$，满足$z'\boldsymbol{H}^{\mathrm{T}}=s'$。如果模拟器通过校验子译码从$s'$获得 2-正则字，则设置 $z=z'$；否则，设置 $z=\perp$。$\Lambda_\Sigma(M)$ 列表中存储着有效的签名对 (z, e)。敌手 A 可以分别询问多项式有界次的哈希 Oralce 和签名 Oracle，记为q_H和q_Σ。如果某一次询问不能返回一个值，则记为$\perp$。

输入： 敌手 A

$(t, H, H0, P)\leftarrow \text{KeyGen}_{\text{BLIND}}(K)$；

设置预言机 H 和 Σ；

$(M^*, \sigma^*, e^*)\leftarrow A^{H\Sigma}(H)$

if $\begin{cases} H(M^*, e^*)=\sigma * \boldsymbol{H}^{\mathrm{T}} \\ wt(\sigma^*)\leqslant t \end{cases}$ **and** Σ 没有提供 σ^* **then**

  A 赢得游戏

else

  A 输掉游戏

end

图 4-2 游戏 0：BLIND 的 EUF-CMA **游戏**

游戏 1。在这个游戏中，挑战者用模拟器H'替换哈希 Oracle H，详细的描述见图 4-3。H'使用列表$\Lambda(M)$来确定每个消息对应的哪个向量导致可译码的校验子。因此，对于任意的询问有两种情况，$e\neq\Lambda(M)$或$e=\Lambda(M)$。

当$e\neq\Lambda(M)$时，模拟器H'随机选择一个向量$\boldsymbol{z}'\in\boldsymbol{F}_2^n$，输出$\boldsymbol{s}'=\boldsymbol{z}'\boldsymbol{H}^{\mathrm{T}}$，此时输出的$\boldsymbol{s}'$也是一个随机向量。当$e=\Lambda(M)$时，模拟器$H'$随机选择一个 2-正则字向量$\boldsymbol{z}'$，设置$\boldsymbol{z}=\boldsymbol{z}'$，然后输出$\boldsymbol{s}'=\boldsymbol{z}'\boldsymbol{H}^{\mathrm{T}}$；当$e\neq\Lambda(M)$时，模拟器$H'$和哈希 Oracle H 具有相同的行为；当$e=\Lambda(M)$时，模拟器H'建立一个 2-正则字校验子，并将可译码的向量存储在列表Λ_H。因此，敌手A赢得游戏 1 的概率为：$|Pr[S_1]-Pr[S_0]|\leqslant\frac{q_{\mathrm{H}}}{2^n}$。

输入：(M,e)
输出：s'
if $\Lambda(M)=\perp$ **then**
　　$\Lambda(M)\xleftarrow{R}\boldsymbol{F}_2^n$
end
$((s',z),z')\leftarrow\Lambda_H(M,e)$
if $e\neq\Lambda(M)$ **then**
if $s'=\perp$ **then**
　　$z'\xleftarrow{R}\boldsymbol{F}_2^n$
　　$s'=z'\boldsymbol{H}^{\mathrm{T}}$
　　$\Lambda_H(M,e)\leftarrow((s',\perp),z')$
end
return $H(M,e)=s'$
else

```
    if s′=⊥ then
    z′ ←R {2-正则字}
    s′= z′H^T
    z= z′
    Λ_H (M, e) ←(s′, z), z′)
  end
  return H (M, e) = s′
  end
```

图 4-3　游戏 1：H 的模拟器H'

游戏 2。在这个游戏中，挑战者用模拟器Σ'替换签名 Oracle Σ，详细的描述见图 4-4。因为模拟器Σ'通过（M，Λ（M））对H'进行询问，H'里存储了其输出值对应的译码向量，因此模拟器Σ'不再需要私钥来产生签名。模拟器Σ'在最后删除了Λ（M），为了对于同一个消息的两次签名询问不会产生同样的签名输出。

```
Λ (M) ←R F_2^n

H′ (M, Λ (M))
( (s′, z), z′) ←Λ_H (M, Λ (M))

e=Λ (M)
Λ (M) =⊥
```

图 4-4　游戏 2：Σ 的模拟器Σ'

游戏 2 只有在签名阶段中止游戏时，才会与游戏 1 有所不同。这种情况发生的概率小于$\frac{q_\Sigma}{2^n}$。因此有，$|Pr[S_2]-Pr[S_1]|\leqslant\frac{q_\Sigma}{2^n}$。

游戏 3。 在这个游戏中，挑战者通过随机选择二元 Goppa 码的奇偶校验矩阵来替代生成算法 KeyGen，该码被用作公钥。由于哈希 Oracle 或签名 Oracle 不再使用私钥和哈希函数，所以游戏 3 中模拟器与前一个游戏 2 不会有改变，因此有 $Pr[S_3]=Pr[S_2]$。

游戏 4。 在这个游戏中，挑战者用随机二元码替换随机二元 Goppa 码。然后可以建立如图 4-5 所示的区分器游戏。如果 H 是二元置换 Goppa 码，则 D 按照游戏 3 的方式进行，有

$$Pr[H\overset{R}{\leftarrow}\text{Goppa}(n,k):D(H)=1]=Pr[S_3]$$

如果 H 是二元随机码，则 D 按照游戏 4 的方式进行，有

$$Pr[H\overset{R}{\leftarrow}\text{Binary}(n,k):D(H)=1]=Pr[S_4]$$

由定义 2.17，可知 Goppa 码的区分问题（GD 问题）是个（τ_{GD}，ϵ_{GD}）困难问题，因此

$$|Pr[S_4]-Pr[S_3]|\leqslant\epsilon_{GD}$$

输入： 奇偶校验矩阵 $\boldsymbol{H}$

输出： 一个比特位 b

$t=2\omega$;

设置预言机 H' 和 E';

$(M^*, \sigma^*, e^*) \leftarrow A^H\Sigma'(H)$

if $\begin{cases}(H'(M^*, e^*) = \sigma^* \boldsymbol{H}^{\mathrm{T}} \\ wt(\sigma^*) \leqslant t\end{cases}$ **and** Σ' 没有提供 σ^* **then**

  输出 1

else

  输出 0

end

图 4-5 游戏 4：区分器游戏

游戏5。在这个游戏中，我们改变了一下赢得游戏的条件。挑战者随机选择一个数 $c \in (1, 2, \cdots, q_H)$，敌手 A 在前面游戏规则的情况下，应该给出第 c 个伪造签名作为一个有效的签名。敌手 A 赢得这个游戏的概率是 $\Pr[S_5] = \Pr[S_4]/q_H$。

现在结合以上所有的游戏，如果 A 赢得游戏 5，那么挑战者就可以成功利用 A 获得一个有效的签名（M，z）。也就是说，挑战者能够通过以上这些游戏解决 2-RSD 问题。由定义 4.2 可知，A 在游戏 5 中获得的概率是可忽略的。A 成功伪造一个有效签名的概率 $Pr[S_0]$，可以计算如下：

$$
\begin{aligned}
&|Pr[S_0]-Pr[S_4]| \\
&\leqslant |Pr[S_0]-Pr[S_1]|+|Pr[S_1]-Pr[S_2]|+|Pr[S_2] \\
&\quad -Pr[S_3]|+|Pr[S_3]-Pr[S_4]| \\
&=\frac{q_H}{2^n}+\frac{q_\Sigma}{2^n}+0+|Pr[S_3]-Pr[S_4]| \\
&\leqslant \frac{q_H+q_\Sigma}{2^n}+t_{GD}
\end{aligned}
$$

因此有

$$
\begin{aligned}
&|Pr[S_0]-Pr[S_4]| \\
&\quad =|Pr[S_0]-q_H Pr[S_5]| \\
&\quad \leqslant \frac{q_H+q_\Sigma}{2^n}+\epsilon_{GD}
\end{aligned}
$$

最后得到 $\mathrm{Succ}_{BLIND}^{EUF\text{-}CMA}(A) = Pr[S_0] \leqslant \frac{q_H+q_\Sigma}{2^n}+\epsilon_{\mathrm{GD}}+q_H\epsilon_{\mathrm{2\text{-}RSD}}$

因此，在 2-RSD 问题和 GD 问题是困难的前提下，所构造的盲签名方案，对于适应性选择消息攻击具有存在性不可伪造。

4.5 性能分析

本书所构造的盲签名方案是非常有效的，因为签名者只需要译码一次，不需要尝试多次译码。下面将分析所构造方案的性能，并与CFS方案进行比较。n、k、m、t 符号与之前介绍的概念没有变化，$n=2^m$，$n-k=mt$，Goppa码的奇偶校验矩阵的维数是 $(n-k)\times n$。

4.5.1 时间复杂度

本书所构造的盲签名方案，签名者只需要译码一次，便可获得一个有效的签名。Goppa码的译码开销大约为 $O(ntm^2)$[25]，签名过程需要计算 $z'=\gamma(s')P$，时间复杂度为 $O(m^2t^2)+O(ntm^2)+O(n^2)\approx O(n^2)$。在所构造的盲签名方案中，验证过程需要计算 $z\boldsymbol{H}^{\mathrm{T}}$，验证的时间复杂度为 $O(mt\times t)=O(mt^2)$，该盲签名方案的整体时间复杂度为 $O(n^2)$。如文献[10]所述，CFS算法的签名开销为 $O(t!\ m^3t^2)$，验证开销为 $O(mt^2)$，CFS算法整体的时间复杂度为 $O(t!\ m^3t^2)$。

4.5.2 空间复杂度

签名方案中的空间复杂度主要指公私密钥尺寸的大小。密钥尺寸大小问题是基于纠错码的密码方案中的主要问题。在所构造的盲签名方案中，公钥为置换校验矩阵 $\boldsymbol{H}$，其大小为 $(mt\times n)$，私钥为Goppa的校验矩阵 $\boldsymbol{H}_0$ 和置换矩阵 $\boldsymbol{P}$，大小分别为 $(mt\times n)$ 和 $(n\times n)$。根据Engelbert等人在文献[25]中分析，可知私钥的大小为 $O(nm)$，表4-1是本书所构造的盲签名方案与CFS签名方案的比较。

表 4-1 盲签名方案与 CFS 方案的比较

比较项目	本书构造的盲签名	CFS 签名
公钥大小	$mt\times n$	$mt\times n$
私钥大小	$O(nm)$	$O(m^2t^2+nm)$
签名开销	$O(n^2)$	$O(t!\ m^3t^2)$
验证开销	$O(mt^2)$	$O(mt^2)$

4.5.3 签名长度

最终的签名 σ 的长度取决于 $wt(z)$，位置标号 I_z 的位数大约为 $\log_2\binom{n}{wt(z)}$，因此最后的签名 σ 的长度大约为 $\log_2\binom{n}{wt(z)}$。

当取 $n=2^{16}$，$t=9$ 时，本书所构造的基于纠错码的盲签名方案与 QC 盲签名方案的签名长度的对比如表 4-2 所示。从表 4-2 可以看出，本书所构造出的盲签名方案的长度非常小。

表 4-2 签名长度对比

盲签名方案	签名长度
本书构造的盲签名	201 b
QC 盲签名	400 Mb

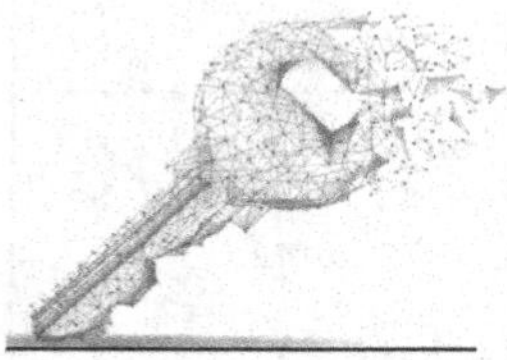

第 5 章　基于纠错码的零知识身份认证方案

5.1 引　言

一个身份认证方案就是在两个实体之间进行一系列的消息交换，这两个实体分别称为证明者和验证者。如果证明者能够说服验证者，说明证明者掌握验证者所持有的公钥所对应的私钥。身份认证方案应满足的最小安全性是，有主动攻击者观察到证明者和验证者之间的交互过程，但是攻击者也不能够成功模仿证明者来和验证者进行交互。定义 2.19 给出了一个身份认证方案及其安全属性的形式化定义。

McEliece 在 40 多年前提出了第一个基于纠错码的 M 公钥加密方案[8]，尽管由于公钥比较大，基于纠错码的密码方案往往被认为开销太大并且很难投入实际应用，但是近年来基于纠错码的密码方案得到了更多的关注，除了基于纠错码的密码方案能抵抗量子计算机攻击的事实之外，基于纠错码的密码方案也具有内在的一些特性：它们运算速度非常快，并且与基于数论的密码方案相比通常易于实现。这些特性使得基于纠错码的密码方案成为轻量级密码方案的理想选择。

有两种主要类型的基于纠错码的密码方案：具有隐藏结构的方案，如 McEliece 密码方案；没有隐藏结构的方案，例如 Stern 身份认证方案[14]。基于纠错码没有隐藏结构的密码方案不容易受到结构攻击，这是 McEliece 这一类型的密码方案受到攻击的主要方法。在实践中，对 Stern 身份认证方案而言，它们在当前的困难问题下没有受到任何攻击。在编码理论中，所基于的困难问题，即校验子译码问题，已经被充分研究并被认为是非常安全的。

基于纠错码的零知识身份认证方案可以通过 Fiat-Shamir 准则[19]转换成数字签名方案。这些零知识身份认证方案有两个很大的缺点：第一个缺点是公钥可以达到几十万比特的大小；第二个缺点是由欺骗概率引起的通信开销大，在实践中，对于达到2^{80}安全级别，通信开销将会超过 150KB。

对于第一个缺点，Gaborit 和 Girault 提出使用双循环矩阵[31]来解决，将公钥的大小减少到几百比特，但第二个通信开销很高的缺点依然存在。在本章中，将对原有的算法进行改进，获得较小的通信开销，每轮欺骗者欺骗成功的概率减少为 1/2，在与以前的算法具有相同安全性的前提下，具有更小的密钥存储，与已有的最优方案相比，减少了 37％的通信开销。本书提出了两种改进的方法：第一，依赖于使用双循环结构来增加挑战的次数；第二，通过压缩承诺来更好地使用承诺。

5.2 新的零知识身份认证方案构造的基础

有几种基于校验子译码问题的身份认证算法，首先简单回顾一下这方面的主要进展。第一个有效的身份认证算法是由 Stern[14]提出的，他的想法是以一个新的方式来证明拥有低重量和固定校验子的字。这个想法包括揭示 3 个承诺中的 1 个。这种 3 步的挑战结构意味着欺骗成功的概率为2/3，而不是著名的Fiat-Shamir协议中的1/2。在文献[14]中，Stern还提出了一种改进方法，旨在通过将挑战步骤分为两部分来将欺骗成功的概率降低到1/2。Veron在文献[15]中对秘密向量进行了不同构造，这降低了通信开销，但是增加了密钥的大小。Gaborit和Girault在文献[31]中提出使用双循环矩阵来获得非常短的公共矩阵。最近的关于身份认证的改进算法为CVE[32]身份认证算法，其目的是将欺骗概率降低到1/2，达到和Stern改进的5步身份认证算法一样的欺骗概率，但使用的是q元有限域。本书所构造的新的身份认证算法是基于Veron身份认证算法，下面先回顾一下Veron身份认证算法。

Veron身份认证算法的密钥生成。

私钥：($\boldsymbol{m}$，$\boldsymbol{e}$)，$\boldsymbol{e}$是重量为ω、长度为n的向量；$\boldsymbol{m}$是长度为k的随机向量。

公钥：($\boldsymbol{G}$，$\boldsymbol{x}$，ω)，$\boldsymbol{G}$是$k\times n$的随机矩阵，$\boldsymbol{x}=\boldsymbol{m}\boldsymbol{G}+\boldsymbol{e}$。

①承诺阶段：证明者P随机选择$\boldsymbol{u}\in \boldsymbol{F}_2^k$，选择$\{1, 2, \cdots, n\}$上的置换$\Pi$，证明者$P$将承诺$c_1$，$c_2$，$c_3$发送给验证者$V$：

$c_1=h(\Pi)$

$c_2=h(\Pi(\boldsymbol{u}+\boldsymbol{m})\boldsymbol{G})$

$c_3=h(\Pi(\boldsymbol{u}\boldsymbol{G}+\boldsymbol{x}))$

②挑战阶段：验证者V发送$b\in\{0, 1, 2\}$给证明者P。

③应答阶段：有3种可能：

- 如果$b=0$，证明者P揭示（$u+m$）和Π；
- 如果$b=1$，证明者P揭示$\Pi((u+m)G)$和$\Pi(\boldsymbol{e})$；
- 如果$b=2$，证明者P揭示u和Π。

④验证阶段：有 3 种可能：

- 如果 $b=0$：验证者 V 验证 c_1，c_2 是否正确。
- 如果 $b=1$，验证者 V 验证 c_2，c_3 是否正确以及 $wt(\Pi(\boldsymbol{e}))=\omega$；验证 c_3 时，计算为 $\Pi((u+m)\boldsymbol{G})+\Pi(\boldsymbol{e})=\Pi(uG+mG+e)=\Pi(uG+\boldsymbol{x})$。
- 如果 $b=2$，验证者 V 验证 c_1，c_3 是否正确。

5.3 新的零知识身份认证方案的构造

下面对本章中所构造的零知识身份认证方案的两项改进给出更多细节上的描述。

5.3.1 增加挑战的次数

在 Fiat-Shamir 算法中，欺骗成功的概率为 1/2，而在 Stern 身份认证算法中，欺骗成功的概率为 2/3。因为这样一个事实，证明 P 知道具有特定校验子的低重量码字，这意味着证明两个事实：秘密向量的校验子是有效的；这个秘密向量的确是一个低重量的向量。这种情况导致，如果增加一个随机的承诺，那么在这 3 种情况下欺骗成功总是存在 2 种可能性，特别是因为攻击者知道秘密向量的校验子。

具有低重量的秘密向量是通过使用置换和按位异或运算来证明，由于两种操作都是线性运算，这样才能恢复校验子。在基于校验子译码问题的所有身份认证方案中都有这么一种形式的描述：

$$\Pi(\boldsymbol{e})+v$$

此处的 $\boldsymbol{e}$ 表示具有低重量的秘密向量，Π 是置换操作，v 是一种伪装。在 Stern 身份认证方案中，v 是随机的字；在 Veron 身份认证方案中，v 为 $\Pi((u+m)G)$，对 $\Pi(\boldsymbol{e})$ 来说，这是一个很好的伪装。Stern 在文献[14]中所描述的 5 步身份认证方案和 CVA[32] 身份认证方案中的主要想法是，$\boldsymbol{e}$ 的变体可以防止对 v 和 Π 的依赖。所以没有必要再同时测试 v 和 Π 的构造。现在欺骗成功的概率接近 1/2，实际上现在对于第二个查询只有两个可能的挑战。

$\boldsymbol{e}$ 的变体可以用不同的方式来完成，Stern 使用 $\boldsymbol{e}$ 作为 Reed-Muller 码的码字，Cayrel 使用标量乘法，在新方案的构造中，使用 $\boldsymbol{e}$ 的两个部分的循环移位。由于双循环码的特性，使用这种循环移位，可以推断出每个置换字的校验子。校验矩阵 $\boldsymbol{H}=[\boldsymbol{I}\mid\boldsymbol{A}]$，$\boldsymbol{A}$ 是长度为 k 的循环矩阵，向量 $\boldsymbol{e}=(e_1, e_2)$，校验子 $\boldsymbol{s}=\boldsymbol{H}\boldsymbol{e}^{\mathrm{T}}$，对于 n 个位置的循环移位 r，可以得到：

$$\boldsymbol{s}=\boldsymbol{H}\boldsymbol{e}^{\mathrm{T}}=\boldsymbol{H}\cdot(\boldsymbol{e}_1, \boldsymbol{e}_2)^{\mathrm{T}}\Leftrightarrow r(s)=\boldsymbol{H}\cdot(r(\boldsymbol{e}_1), r(\boldsymbol{e}_2))^{\mathrm{T}}$$

因此，新方案的构造会导致 $2k$ 个可能的挑战：k 来自移位的选择，对于第二个查询有 2 种可能的挑战。攻击者可以很容易地在 $2k$ 个可能的挑战中欺骗成功 k 个挑战，并且证明攻击者不可能在不知道秘密向量的情况下欺骗成功超过 $k+i$ 个挑战，i 为系统的安全参数。

这种循环置换的方法在二进制方案中是一种有效方法，可以使欺骗成功的概率降低至近似 1/2，并且不会像在 Stern-5 步的身份认证方案中那样增加通信开销。

5.3.2 压缩承诺

在 Stern 或 Veron 的身份认证方案中，证明者首先发送由 3 个不同的哈希值组成的3个承诺：c_1，c_2和c_3。发送这3个承诺需要一定的通信开销。如果算法正确运行，验证者会从发送的3个哈希值中恢复出2个。这个情况表明，事实上可以优化对这些承诺的操作。证明者首先需要像往常一样计算3个哈希值，但不是发送3个哈希值，而是发送3个哈希值连接后形成的哈希值。在接收到验证者的挑战之后，证明者知道验证者能够恢复3个哈希值中的2个，然后像往常一样应答挑战，但是在其应答中增加了缺失的哈希值。

在验证阶段，如果所有步骤都正确执行，则验证者能够通过恢复到的2个哈希值和验证者应答中的第1个哈希值恢复出第一个承诺。总体上来看，只发送2个哈希值而不是3个。

这个想法可以推广到连续轮次的情况：对于每一轮，当其他2个哈希值被验证者恢复时，证明者只发送缺失的哈希值。在这种情况下，只需要发送所有轮次的一个承诺即不同轮次的所有哈希值序列的哈希值。这种观点对于数字签名是非常有效的，其中每轮平均发送的哈希值的数量从3减少到1。此外，这种处理方式在随机预言机模型下是安全的，由于最后一个哈希值中的错误意味着在该连续轮次上的某一个哈希值出现错误。

5.3.3 新的零知识身份认证方案的描述

下面所构造的新的零知识身份认证方案是基于Veron身份认证方案，使用与Veron方案相同的符号和相同的密钥。

私钥：($\boldsymbol{m}$，$\boldsymbol{e}$)，$\boldsymbol{e}$是重量为ω、长度为n的向量；$\boldsymbol{m}$是长度为k的随机向量。

公钥：$(\boldsymbol{G}, \boldsymbol{x}, \omega)$，$\boldsymbol{G}$ 是 $k \times n$ 的随机矩阵，$\boldsymbol{x}=\boldsymbol{mG}+\boldsymbol{e}$。

新的零知识身份认证方案的具体步骤见图 5-1，这是一个 5 步交互式的零知识身份认证方案。

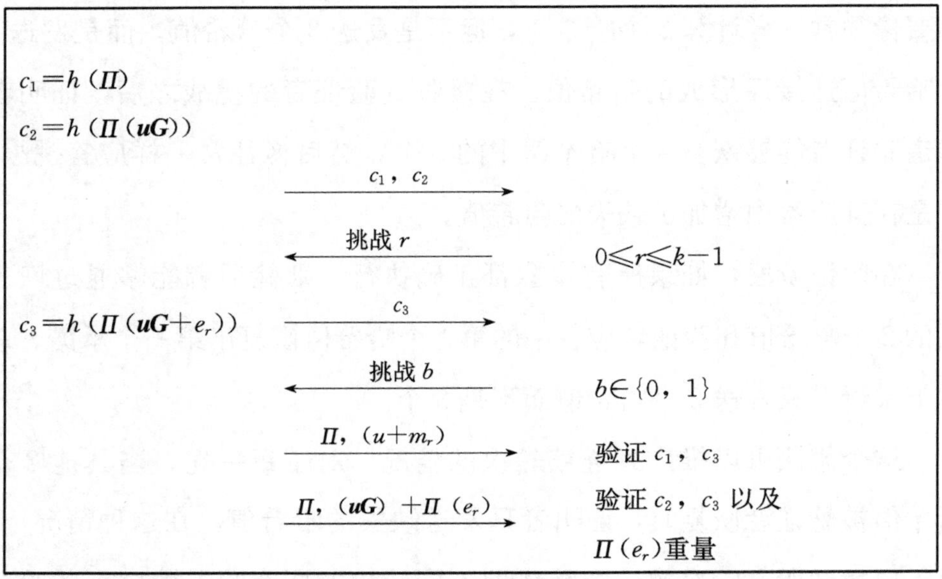

图 5-1　新的身份认证方案

①第一个承诺发送阶段：证明者 P 随机选择 $u\in \boldsymbol{F}_2^k$，选择 $\{1, 2, \cdots, n\}$上的置换 Π，证明者 P 将承诺 c_1，c_2 发送给验证者 V：

$c_1=h(\Pi)$；

$c_2=h(\Pi(\boldsymbol{uG}))$

②挑战的第一部分：验证者 V 发送移位数量 r 给证明者 P，$0\leqslant r\leqslant k-1$。

③最后一个承诺发送阶段：证明者 P 计算 $\boldsymbol{e}_r=\mathrm{rot}_r(\boldsymbol{e})$，发送承诺的最后一部分给验证者 V：

$c_3=h(\Pi(\boldsymbol{uG}+\boldsymbol{e}_r))$

④挑战阶段：验证者 V 发送 $b\in\{0, 1\}$给证明者 P。

⑤应答阶段：有以下两种可能：

➢ 如果 $b=0$：证明者 P 揭示（$u+m_r$）和 Π；

➢ 如果 $b=1$：证明者 P 揭示 Π（$\boldsymbol{uG}$）和 Π（$\boldsymbol{e}_r$），此处的 $\boldsymbol{e}_r=\mathrm{Rot}_r(\boldsymbol{e})$。

⑥验证阶段：有以下两种可能：

➢ 如果 $b=0$：验证者 V 验证 c_1，c_3 是否正确；验证 c_3 时，计算为 $\Pi((u+m_r)\boldsymbol{G})+\Pi(\boldsymbol{x}_r)=\Pi(uG+m_r\boldsymbol{G}+\boldsymbol{x}_r)=\Pi(\boldsymbol{uG}+e_r)$。

➢ 如果 $b=1$：验证者 V 验证 c_2，c_3 是否正确以及 $wt(\Pi(\boldsymbol{e}_r))=\omega$。

验证阶段包含对算法第一步中提交的哈希值的重构。在 $b=0$ 的情况下，可以构造第一个和第三个哈希值；在 $b=1$ 的情况下，它涉及第二个和第三个哈希值的构造。哈希值的构造过程是很明显的，除了在 $b=0$ 的情况下 c_3 的构造，此处用到 x_r，其中 x_r 表示公钥 x 被移位了 r 次。

5.4 安全性证明

在本节中说明了图 5-1 中构造的新的身份认证方案对应于零知识交互证明。为此，对新的身份认证方案的完备性、正确性和零知识属性提供以下证明。

5.4.1 完备性

显然，每个具有有效私钥（m，e）以及 u 和置换 Π 的诚实证明者，可以在任何给定的轮次中正确回答诚实验证者的查询，因此该方案的完备性得到满足。

5.4.2 正确性

下面证明一个恶意的证明者不能以高于1/2的概率通过验证。引入一个新的参数j来权衡欺骗成功的概率、安全开销和通信开销。证明的思路是通过证明能够预知超过$k+j$个挑战的人也可以以较大的概率恢复私钥，具体取决于j。我们使用所构造方案的验证算法来获得欺骗的必要条件。证明的关键在于选择一个足够高的参数j，使得具有良好条件的唯一解决方案具有较大的概率。

定理 5.1：如果证明者A能够被验证者接受的概率大于$\frac{k+j}{2k}$，则A可以以大于$1-\frac{2^{n-k}-j}{(2^{n-k}+n-1)^j}\binom{n}{\omega}^j$的概率从公共数据中恢复出私钥，或者可以在多项式时间内为哈希函数找到碰撞。

证明：假设恶意的证明者B能够应答$k+j$个挑战，根据鸽巢原理，他能够应答$2j$个形如$\{(r_i, b), 1\leqslant i\leqslant j, b\in\{0, 1\}\}$的挑战。用两种不同的方式重写承诺$c_3$，表明他能够构造$(j+1)$个以下问题的解$(c, z_1, \cdots, z_j)$：

$$s_{r_i}=\boldsymbol{c}+\boldsymbol{H}\cdot\boldsymbol{z}_i^{\mathrm{T}} \tag{1}$$

此处，$wt(z_i)=\omega$，公钥x的校验子移动r_i位得到s_{r_i}，$\boldsymbol{c}$是一个常量向量，$1\leqslant i\leqslant j$。

下一步是通过增加参数j的值来减少问题（1）的解。使用概率来评估一组解的大小，更具体地说，对于具有足够长度的双循环码，具有重量为$\boldsymbol{\omega}$的向量的校验子分布参见文献[99]。推导出一个随机元组$(c, z_1, \cdots, z_j)$，其中$\boldsymbol{z}_i$是固定重量为$\boldsymbol{\omega}$的向量（$1\leqslant i\leqslant j$），满足方程

（1）的概率为$\frac{1}{2^{n-k}+n-1}$。以上详细的概率分析给出了定理中描述的界限，这个概率取决于条件的数量 j。注意到元组（c，z_1，…，z_j）是方程（1）的解，其中z_i等于按块移位的私钥（$1\leqslant i\leqslant j$）。由于我们选择 j，使得移位的私钥以非常大的概率作为唯一解，因此一个恶意证明者知道如何在 $2k$ 种选择下应答 $k+j$ 次，他将以非常大的概率恢复出按块移位的私钥，在实践中，这种概率被选择为 $1-2^{-80}$。

5.4.3 零知识性

零知识性的证明在于证明在多项式时间内，不能从身份认证方案的执行过程中推断出除了公共数据以外的其他任何信息。这个思路是要证明任何人都可以在多项式时间内建立一个算法的模拟器，使得模拟器执行的结果不能与真实的执行结果相区分。

模拟器是通过挑战来构建的，每一轮都只可能通过预测挑战 b 来创建一个有效的实例。这意味着模拟器构建的轮数是原算法轮数的2 倍。

当 $b=0$ 时，通过下面的选择来预测：随机置换Π'，随机向量 $\boldsymbol{v}\in\boldsymbol{F}_2^k$，$h_1=h\ (\Pi')$，$h_3=h\ (\Pi'(vG+x_r))$。可以看出，($v$，$\Pi'$）和（$u+m_r$，$\Pi$）是不可区分的。当 $b=1$ 时，通过下面的选择来预测；随机置换 π，随机向量 $\boldsymbol{u}\in\boldsymbol{F}_2^k$，随机向量 $\boldsymbol{z}\in\boldsymbol{F}_2^n$ 并且 $wt\ (z)=\omega$，计算 $v=\pi(uG)$，$h_2=h\ (v)$，$h_3=h\ (v+z)$。同样，（v，z）和（$\Pi\ (uG)$，$\Pi\ (e_r)$）是不可区分的。

模拟器的构造的开销可以忽略不计，不会影响安全参数。当我们使用压缩承诺改进时，由于预测的复杂性开销证明不同，在这种情况下，模拟器的构造开销不可忽略。更有趣的是，如果多次产生这种改进而不是一个，反而对安全性影响不大。

5.5 参数的选择

下面将讨论选择适当的参数来实例化新构造的身份认证方案。考虑到信息集译码攻击算法对应的边界，提出的系统参数至少满足 80 位安全性，然后必须选择算法运行的轮数，使得恶意的证明者欺骗成功的概率最小化。

l_h表示哈希函数h 输出的位数，l_Π表示通过伪随机数生成器产生置换Π 的种子的位数，φ 表示算法运行的轮数。新构造的零知识身份认证方案有以下属性：

矩阵的大小：k；

公共数据的大小：n；

私钥的大小：n；

通信开销：$\varphi\ (3\,l_h+\frac{2}{3}(\frac{6}{5}n+l_{\Pi}))$；

证明者的计算复杂度：$\varphi((k^2+wt(e)))$。

由于使用随机线性码，当 $k=\frac{n}{2}$ 并且选择 ω 稍低于 Gilbert-Varshamov 界时，校验子译码问题是最难解决的。对于所构造的方案，根据信息集攻击算法，建议使用以下参数以达到2^{80}的安全性：

$$n=700，k=350，j=19，\omega=70$$

为了达到2^{128}安全级别，所选择的参数为

$$n=1094，k=547，j=14，\omega=109$$

在文献[12]中，Stern 提出了他的两个 5 步身份认证方案的变体。

第一个 5 步身份认证方案降低计算量，然而，这个方案略微增加了欺骗成功的概率，并且增加了通信开销。另一个 5 步身份认证方案使得算法运行的轮数最小化，并将欺骗成功的概率降至$(1/2)^{\varphi}$。

表 5-1 显示新方案的优势，分别与 Stern 最原始的身份认证方案[14]、Stern 第二个 5 步身份认证方案[14]、Veron 身份认证方案[15]以及 CVE 身份认证方案[32]相比。表 5-1 中的数据，是在达到2^{80}安全性，并且欺骗成功的概率小于2^{-16}前提下，选择伪随机数生成器的种子为 128 位、哈希函数的输出长度为 160 位而得到的。

表 5-1 新身份认证方案与其他几种方案的比较

比较项目	Stern3	Stern5	Veron	CVE	新方案
轮数	28	16	28	16	18
矩阵大小/b	122500	122500	122500	32768	350
公共数据/b	350	2450	700	512	700
私钥/b	700	4900	1050	1024	700
通信开销/b	42019	62272	35486	31888	20256
证明者的计算量	$2^{22.7}$	$2^{21.92}$	$2^{22.7}$	2^{16}	2^{21}
所处的域	F_2	F_2	F_2	F_{256}	F_2

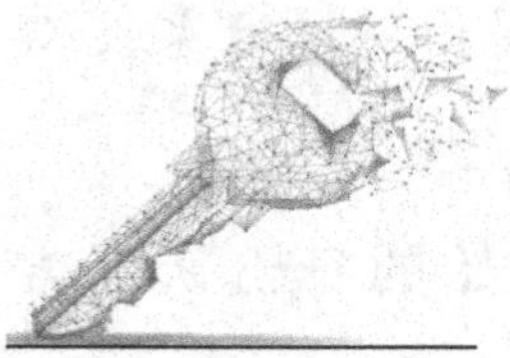

第6章　用准二元 Goppa 码构造的基于身份的身份认证方案

6.1 引　言

1984年，Shamir 提出了基于身份的公钥加密的概念[70]（ID-PKC），以简化用于用户认证的公钥管理。在 ID-PKC 中，用户的公钥是从他的身份标识中获得的，该身份标识可以是任何公开的、可区别于其他用户的信息，比如名字、电子邮件或电话号码。ID-PKC 需要一个可信的第三方，称为密钥生成中心（Key Generation Center，KGC），KGC 是系统级秘钥的所有者，该密钥称为主密钥。KGC 通过非密码学的认证方式成功验证用户身份后，通过主密钥、用户身份标识和陷门函数计算出相应的用户私钥。基于身份的密码方案背后的动机是想创建一个理想化的电子邮件加密系统。在这个理想化的电子邮件加密系统中，只要知道某个人的身份标识就可以发送加密的邮件给那个人，在签名验证时，也只有这个人才能产生有效签名。这样一个理想化的密码系统具有以下优点：

①用户不需要交换对称密钥和公共密钥；

②公共目录（包含公钥或证书的数据库）不需要保存；

③只有在初始化阶段才需要可信机构的服务。

编码理论是后量子密码方案中被认为安全的少数可选方案之一。编码理论中最著名的密码系统是 McEliece 方案[8]和 Niederreiter 方案[10]。这两个公钥加密方案的主要优点是提供了快速加密和解密运算，与 RSA 算法相比，加密速度快了 50 倍，解密速度快了 100 倍。它们的主要缺点是，需要非常大的密钥及相应的比较大的内存空间分配。

为了利用基于身份的密码学的优点，Cayrel 等人在文献[71]中首次提出了基于编码理论的基于身份的身份认证方案（identity-based identification，IBI)，该方案结合了 CFS 签名方案[12]和 Stern 身份认证方案[14]。这种构造的基本思想是从类似 Niederreiter 算法的问题开始，这个问题可以通过使用 CFS 方案来求逆运算，这允许将秘密信息与从用户的身份获得的公开信息相关联，然后将秘密信息和公开信息用于 Stern 身份认证方案。

Barreto 等人在文献[48]中提出了使用准二元（Quasi-dyadic，QD）结构改进的 CFS 签名方案，利用这种改进，本章提出了通过准二元码构造的基于身份的身份认证方案。

6.2 相关基础知识

在本节中，介绍一下与本章内容相关的关于纠错码的一些理论，与前面几章相同的内容，这里不再重复。

6.2.1 准二元码

公共矩阵比较大是基于纠错码密码方案的缺点之一，有很多文献都尝试减少公共矩阵的大小，Miscozki 和 Barreto 在文献[80]中提出使用准二元 Goppa 码，它允许建立一个紧凑的奇偶校验矩阵并进行有效地存储。下面介绍本章中用到的一些定义，关于准二元码结构的更详细描述可参考文献[80]。

定义 6.1：给定向量 $\boldsymbol{h}=(h_0, \cdots, h_{n-1})\in \boldsymbol{F}_q^n$，此处 q 表示 2 的某次幂，二元矩阵 $\boldsymbol{\Delta}(h)\in \boldsymbol{F}_q^{n\times n}$ 是具有分量 $\Delta_{ij}=h_{i\oplus j}$ 的对称矩阵，$\oplus$ 表示关于下标的二元表示上的按位异或运算，序列 h 被称为其签名，F_q 上的二元 $n\times n$ 矩阵集合记为 $\boldsymbol{\Delta}(\boldsymbol{F}_n^q)$。

给定 $t>0$，$\boldsymbol{\Delta}(t, h)$ 表示 $\boldsymbol{\Delta}(h)$ 的前 t 行。

如果一个矩阵是由块矩阵组成的，每个分块是由二元子矩阵组成，则把该矩阵称为准二元矩阵。

如果 n 是 2 的某次幂，任何一个 $2^k\times 2^k$ 二元矩阵 $\boldsymbol{M}$ 可以通过递归的方式来进行定义：

$$\boldsymbol{M}=\begin{bmatrix}\boldsymbol{A} & \boldsymbol{B}\\ \boldsymbol{B} & \boldsymbol{A}\end{bmatrix}$$

此处的 $\boldsymbol{A}$ 和 $\boldsymbol{B}$ 都是 $2^{k-1}\times 2^{k-1}$ 二元矩阵。二元矩阵的签名 $h=(h_0, \cdots, h_{n-1})$ 恰好与其第一行一致。

定义 6.2：准二元码是其奇偶校验矩阵为准二元矩阵的线性纠错码。

定义 6.3：给定两个不相交的向量 $\boldsymbol{z}=(z_0, \cdots, z_{t-1})$ 和 $\boldsymbol{L}=(L_0, \cdots, L_{n-1})$，则柯西矩阵为 $t\times n$ 矩阵，每个元素 $C_{ij}=\dfrac{1}{(z_i-L_j)}$，形如：

$$C(\boldsymbol{z}, \boldsymbol{L})=\begin{bmatrix}\dfrac{1}{z_0-L_0} & \cdots & \dfrac{1}{z_0-L_{n-1}}\\ \vdots & & \vdots\\ \dfrac{1}{z_{t-1}-L_0} & \cdots & \dfrac{1}{z_{t-1}-L_{n-1}}\end{bmatrix}$$

柯西矩阵的所有子矩阵都是可逆的[100]，在一定的假设下[75]，Goppa码允许其奇偶校验矩阵以柯西矩阵的形式存在。下面引用文献[80]中的定理2，如果码是定义在二元有限域上，则柯西矩阵和二元矩阵的交集是非空的。

定理6.1：$\boldsymbol{H}\in \boldsymbol{F}_q^{n\times n}$且$n>1$，同时$\boldsymbol{H}$是一个二元矩阵，对$\boldsymbol{h}\in \boldsymbol{F}_q^n$，有$\boldsymbol{H}=\boldsymbol{\Delta}(h)$；对于两个不相交的向量$\boldsymbol{z}=(z_0, \cdots, z_{t-1})$和$\boldsymbol{L}=(L_0, \cdots, L_{n-1})$，则柯西矩阵为$\boldsymbol{H}=C(\boldsymbol{z}, \boldsymbol{L})$；如果$F_q$是一个二元域，$h$满足：

$$\frac{1}{h_{i\oplus j}}=\frac{1}{h_i}+\frac{1}{h_j}+\frac{1}{h_0}$$

对于某些$\omega\in F_q$，有

$$z_i=\frac{1}{h_i}+\omega,\quad L_j=\frac{1}{h_j}+\frac{1}{h_0}+\omega$$

6.2.2 攻击方法

就基于纠错码的密码方案而言，存在两种类型的攻击：试图直接译码消息的译码攻击和试图恢复码结构的结构攻击。

6.2.2.1 信息集攻击

译码攻击中最有效的攻击方法是信息集译码攻击，该方法最早由McEliece提出，Canteaut和Chabaud在文献[101]给出了详细描述。

对于$[n, k, 2t+1]$的二元码，如果使用信息集译码攻击，先选择随机k列的集合，当其支持集和随机选择的k列不同时，错误向量是可译码的，错误向量是可译码的概率为$P_{\mathrm{dec}}=\frac{\binom{n-k}{t}}{\binom{n}{t}}$，这导致通常的二项式

近似为概率：

$$P_{\mathrm{dec}}=O(1)\cdot 2^{-nH_2(t/n)-(1-k)H_2(t/(n-k))}$$

此处的$H_2(x)=-x\log_2(x)-(1-x)\log_2(1-x)$。

找到一个重量为t的字的工作因子WF，可以估计如下：

$$WF=\frac{P(k)}{P_{\mathrm{dec}}}$$

$P(k)$对应于高斯消减法的复杂度，$P(k)$最早被认为复杂度为$O(k^3)$，在文献[102]的最佳改进方案中，可以考虑$P(k)$为线性甚至更小。

6.2.2.2 结构攻击

结构攻击旨在恢复置换码的结构，即从码以及置换后的码中恢复出所用到的置换。隐藏的问题是码的等价性问题，Sendrier对这个问题给出了一个很好的解决算法：支持集分裂算法[103]。在本章中，它是不相关的，因为本书使用的是Goppa码，在这种情况下，其算法不能应用，因为只知道置换后的码而不知道原始码。

6.3 基于身份的身份认证方案

Cayrel等人提出了纠错码领域的第一个基于身份的身份认证方案[66]。该方案由两个部分组成：密钥生成部分使用CFS签名算法，身份认证交互部分使用Stern身份认证算法。CFS签名算法参照1.2.4.3节的描述，Stern身份认证算法参照1.2.2节的描述。下面回顾一下Cayrel等人如何构造基于身份的身份认证方案。

参数$(n, k)-q$元线性码C，$\boldsymbol{H}_0$为线性码C的奇偶校验矩阵，$\boldsymbol{N}$为$r\times r$的可逆矩阵；$\boldsymbol{P}$为$n\times n$的置换矩阵，$\boldsymbol{H}=\boldsymbol{N}\boldsymbol{H}_0\boldsymbol{P}$；$h$为输出长度为

r 的哈希函数；id_p表示证明者的身份，是公开的。

（1）密钥生成

这部分的目标是通过使用 CFS 签名算法来产生证明者的私钥。证明者接收到的私钥s_p，满足 $\boldsymbol{H}\boldsymbol{s}_p^{\mathrm{T}}=h(id_p \mid i_0)$，$i_0$是最小的 i，使得 $h(id_p \mid i_0)$ 是可译码的。对应于证明者的身份的私钥的组成为 $\{s_p，i_0\}$。该密钥生成部分见图 6-1。

1. $i \leftarrow 0$
2. 如果 $h(id_p \mid i_o)$ 不是可译码的，执行 $i \leftarrow i+1$
3. 计算 $s_p=\gamma(h(id_p \mid i_o))$

图 6-1 IBI **密钥生成部分**

（2）身份认证

这里对 1.2.2 节中介绍的 Stern 身份认证算法做一些小的变动：第一个变动是，证明者在第一步除了发送承诺c_1、c_2和c_3给验证者，同时也得将i_0发送给验证者；第二个改动，当 $b=1$ 时，验证的过程中是需要用到i_0，具体可见图 6-2。这个算法的安全性与 Stern 的安全性一样，公开i_0，并不会泄露s_p。

1. $b=0$ 时，验证者验证 c_1，c_2 是否正确计算；
2. $b=1$ 时，验证者验证 c_1，c_3 是否正确计算；对于 c_1，$\boldsymbol{H}\boldsymbol{y}^{\mathrm{T}}$ 可以通过 $\boldsymbol{H}(y+s_k)^{\mathrm{T}}$ 来计算：$\boldsymbol{H}\boldsymbol{y}^{\mathrm{T}}=\boldsymbol{H}(y+s_k)^{\mathrm{T}}+h(id_p|i_o)=\boldsymbol{H}(y+s_k)^{\mathrm{T}}+\boldsymbol{H}s_k^t$；
3. $b=2$ 时，验证者验证 c_2，c_3 是否正确计算，并且验证 $\sigma(sk)$ 是否为 ω。

图 6-2 IBI **认证部分**

基于 GBD 问题和 GD 问题，这个 IBI 方案在随机预言机模型下被证明为安全的[71]。IBI 方案的作者建议取参数 $m=16$，$t=9$，具体如下：

① 公钥：tm（144 b）；

② 私钥：tm（144 b）；

③ 矩阵：$2^m tm$（1.13 MB）

④ 通信开销：$2^m \times$ #rounds（464 KB），#rounds=58；

⑤ 签名长度：$2^m \times$ #rounds（1.17 MB），#rounds=150。

6.4 用准二元码构造的基于身份的身份认证方案

下面介绍准二元 CFS 签名构造的主要思想，该思想使用 6.2.1 节中描述的准二元码替换 Goppa 码。准二元码的使用允许将公钥尺寸缩小为大约原来的 1/4，但签名尝试的次数增加了 2 倍。关于更详细的描述，可以参考文献[48]。

6.4.1 用于 CFS 签名的准二元码

获得更短密钥的策略是由于 CFS 签名方案只需要非常小的 t，因此在定义码时，奇偶校验矩阵 $\boldsymbol{H}$ 的大部分行都没有被使用。因此，我们可以在 $\boldsymbol{H}$ 中有一些未定义的项，只要相应的行不用于定义码即可，这导致将码的长度扩展到 2^m-t。算法 6-1 描述了这种构造。

算法 6-1 构造纯二元 CFS 友好码

输入：m，n，t。

输出：一个二元签名 h，从中可以在扩域 F_{2^m} 上的码构造一个长度
为 n、纠错能力为 t 的 CFS 友好的二元 Goppa 码；所有一致
的列块的序列 b（即可用于定义码的支持集）。

01：$q \leftarrow 2^m$

02：**repeat**

03：$U \leftarrow F_q \setminus (0)$

04：$h_0 \overset{\$}{\leftarrow} U$，$U \leftarrow U \setminus (h_0)$

05：**for** $s \leftarrow 0$ to $m-1$ **do**

06：$i \leftarrow 2^s$

07：$h_i \overset{\$}{\leftarrow} U$，$U \leftarrow U \setminus (h_i)$

08：**for** $j \leftarrow 1$ to $i-1$ **do**

09：**if** $h_i \neq 0$ and $h_j \neq 0$ and $1/h_i + 1/h_j + 1/h_0 \neq 0$ **then**

10：$h_{i+j} \leftarrow 1/(1/h_i + 1/h_j + 1/h_0)$

11：**else**

12：$h_{i+j} \leftarrow 0 \triangleright$ undefined entry

13：**end if**

14：$U \leftarrow U \setminus (h_{i+j})$

15：**end for**

16：**end for**

17：$c \leftarrow 0$ also：$U \leftarrow F_q$

18：**if** $0 \notin (h_0, \cdots, h_{t-1})$ **then** $\triangleright$ consistent root set

19：$b_0 \leftarrow 0$，$c \leftarrow 1 \triangleright$ also：$U \leftarrow U \setminus \{1/h_i, 1/h_i + 1/h_0 \mid i = 0, \cdots, t-1\}$

20：**for** $j \leftarrow 1$ to $\lceil q/t \rceil - 1$ **do**

---

if $0 \notin \{h_{jt}, \cdots, h_{(j+1)t-1}\}$ **then** $\triangleright$ consistent support block

$b_c \leftarrow j$，$c \leftarrow c+1$ $\triangleright$ also：$U \leftarrow U \setminus (1/h_i + 1/h_0 \mid i = jt, \cdots, (j+1)t-1)$

end if

end for

end if

until $ct \geqslant n$ $\triangleright$ consistent roots and support

$h \leftarrow (h_0, \cdots, h_{q-1})$，$b \leftarrow (b_0, \cdots, h_{c-1})$ $\triangleright$ also：$\omega \xleftarrow{\$} U$

return h，b $\triangleright$ also：ω

表 6-1 中列出了典型的参数组合。

表 6-1　建议的实际安全级别的参数

安全级别	m	t	$n=\lfloor 2^{m-1/t} \rceil$	$k=n-mt$	密钥大小/KB
80	15	12	30924	30744	169
100	20	12	989724	989484	7248
120	25	12	31671168	31670868	289956

6.4.2　用准二元 Goppa 码构造的 IBI 方案

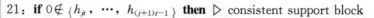

第 6.4.1 节中介绍的 QD-CFS 签名方案的主要优点是减小公钥的大小，其缺点是签名开销太高，这源于 IBI 方案的密钥产生过程。密钥产生算法只执行一次，因此可以通过较小的奇偶校验矩阵降低长期的计算开销。通过使用准二元码来改进 6.3 节中提出的 IBI 方案，主要思路是在 IBI 方案的密钥产生过程中，用 QD-CFS 签名方案替换 CFS 签名方案；在 IBI 方案的身份认证交互中，证明者可以通过使用相同的奇偶校验矩阵 $\boldsymbol{H}$，采用 Stern 方案进行认证，证明他知道私钥s_p。与文献[66]中的原始 IBI 方案相比，用准二元结构的矩阵作公钥可以达到更好的性能。

通过 Fiat-Shamir 准则[19]，可以将使用准二元码构造的基于身份的身份认证方案（QD-IBI）转换为基于身份的数字签名方案（QD-IBS）。

6.5 安全性分析及参数选择

6.5.1 安全性分析

QD-IBI 方案分为两部分：第一部分是通过 QD-CFS 签名算法得到与证明者公开身份对应的私钥；在第二部分中，将 QD-CFS 签名算法中用到的奇偶校验矩阵 $\boldsymbol{H}$ 应用于 Stern 身份认证算法。这表明 QD-IBI 方案的整体参数等同于 QD-CFS 签名算法的安全性，因此具有相同奇偶校验矩阵的 Stern 身份认证算法的安全性隐含地包括在签名方案中。

QD-IBI 方案有两个重要的问题：

①在不知道奇偶校验矩阵 $\boldsymbol{H}$ 的情况下，之前定义的 $\{s_p, i_0\}$ 的计算是十分困难的；

②为了得到 i_0 所做的尝试的次数对降低 s_p 的计算开销并不是太重要。

$[2^m, 2^m-tm, t]$ Goppa 码，其可译码校验子的比例大约为 $1/t!$，所以也应该选择一个相对较小的 t。$\{s_p, i_0\}$ 的产生过程是不断地迭代计算，在找到正确的 i_0 之前，迭代的次数大约为 $t!$。每一次迭代都需要计算 $\gamma(h(id_p \mid i_0))$，所以 Goppa 码的译码包括：

- 计算一个校验子：$t^2m^2/2$ 二元操作；
- 计算一个局部多项式：$6t^2m$ 二元操作；
- 译码求解：$2t^2m^2$ 二元操作。

因此得到了计算证明者的私钥的总开销：$t!\ t^2m^2(1/2+2+6/m)$。

由于分解校验子译码导致的译码攻击的开销大约为：$2^{tm(1/2+O(1))}$。

6.5.2 参数选择

建议选择和在 6.4.1 小节中介绍的 QD-CFS 相同的参数（m，t）=(15，12)，这些参数足以确保对所有当前已知的攻击可以达2^{80}的安全性。

在表 6-2 中，对于选择参数 $m=15$，$t=12$，对比了使用 QD-CFS 的 QD-IBI 方案、QD-IBS 方案和原始的 IBI 方案、IBS 方案等情况。表 6-2 显示出 QD-IBI 和 QD-IBS 方案在公共矩阵大小、通信开销和签名长度方面的优势。

表 6-2　QD-IBI/QD-IBS 与原始 IBI/IBS 的比较

比较项目	原始 IBI/IBS	QD-IBI/QD-IBS
公钥大小	180 b	180 b
私钥大小	180 b	180 b
矩阵大小	720 KB	169 KB
通信开销	232 KB	219 KB
签名长度	600 KB	560 KB

参考文献

[1]RIVEST R L. A method for obtaining digital signatures and public-key cryptosystems[J]. Communications of the Acm, 1978, 26(2):96-99.

[2]National Institute of Standards and Technology: Digital signature standard (DSS) [EB/OL]. Available at http://csrc. nist. gov/publications/fips/, 2006,186(3).

[3]SHOR P W. Algorithms for quantum computation: discrete logarithms and factoring[C]// Symposium on Foundations of Computer Science. IEEE Computer Society, 1994:124-134.

[4]SHOR P W. Polynomial-time algorithms for prime factorization and discrete logarithms on a quantum computer[C]// Quantum Entanglement and Quantum Information-Proceedings of Ccast,1999:303-332.

[5]OVERBECK R, SENDRIER N. Code-based cryptography[J]. Post-Quantum Cryptography, 2009, 6061(3-4):95-145.

[6]BERNSTEIN D J, BUCHMANT J, DAHMER E. Post-Quantum Cryptography[M]. Berlin Springer,2008.

[7]SHANNON C E. A mathematical theory of communication[J]. Bell System Technical Journal, 1948,27:379-423.

[8]MCELIECE R J. A public-key cryptosystem based on Algebraic Coding

Theory[J]. Deep Space Network Progress Report, 1978, 44:114-116.

[9]BERLEKAMP E R, MCELIECE R J, VAN TILBORG H C A. On the inherent intractability of certain coding problems (Corresp.)[J]. IEEE Trans. inf. theory, 1978, 24(3):384-386.

[10]NIEDERREITER H. Knapsack-type cryptosystems and algebraic coding theory[J]. Prob. control & Inf. theory, 1986, 15(2):159-166.

[11]LI Y, WANG X. On the Security of the Niederreiter's Publickey Algebraic-code Cryptosystem and the Optimization of Parameters[J]. Acta Electronica Sinica, 1993.

[12]COURTOIS N T, FINIASZ M, SENDRIER N. How to achieve a McEliece-Based digital signature scheme[C]// Advances in Cryptology-ASIACRYPT 2001, International Conference on the Theory and Application of Cryptology and Information Security, 2001:157—174.

[13]KABATIANSKII G, KROUK E, SMEETS B. A digital signature scheme based on random error-correcting codes. [C]// IMA International Conference on Cryptography and Coding. Berlin:Springer, 1997:161—167.

[14]STERN J. A new identification scheme based on syndrome decoding[C]. CRYPTO 93, LNCS 773, Springer, 1993:13-21.

[15]VERON P. Improved identification schemes based on error-correcting codes[J]. Applicable Algebra in Engineering Communication & Computing, 1997, 8(1):57-69.

[16]AUGOT D, FINIASZ M, SENDRIER N. A family of fast syndrome based cryptographic Hash functions[J]. Lecture Notes in Computer Science, 2005, 3715:64-83.

[17]GABORIT P, LAURADOUX C, SENDRIER N. SYND: a fast Code-Based stream cipher with a security reduction[J]. Information Theory. isit. ieee International Symposium on, 2007:186-190.

[18]GOLDWASSER S, MICALI S, RACKOFF C. The knowledge complexity of interactive proof-systems[J]. SIAM Journal of Computing, 1988, 18(1):291-304.

[19]FIAT A, SHAMIR A. How to prove yourself: practical solutions to identification and signature problems [C]// Advances in Cryptology. Springer-Verlag, 1986:186-194.

[20]SHAMIR A. An efficient identification scheme based on permuted kernels [J]. Proc Crypto, 1990, 435:606-609.

[21]GUILLOU L C, QUISQUATER J J. A paradoxical Identity-Based signature scheme resulting from Zero-Knowledge[C]// Advances in Cryptology-CRYPTO' 88. 1988:216-231.

[22]SHOUP V. On the security of a practical identification scheme[J]. Journal of Cryptology, 1999, 12(4):247-260.

[23]OKAMOTO T. Provably secure and practical identification schemes and corresponding signature schemes[C]// International Cryptology Conference on Advances in Cryptology. Springer-Verlag, 1992:31-53.

[24]GIRAULT M, Poupard G, Stern J. On the fly authentication and signature schemes based on groups of unknown order[J]. Journal of Cryptology, 2006, 19(4):463-487.

[25]ENGELBERT D. A summary of McEliece-Type cryptosystems and their security[J]. JMC, 2007, 1(2):151-199.

[26]HARARI S. A new authentication algorithm[C]// International Colloquium on Coding Theory and Applications. Berlin:Springer, 1988:91-105.

[27]VERON P. Cryptanalysis of Harari's identification scheme[M]// Cryptography and Coding. Berlin:Springer, 1995:255-258.

[28]STERN J. An alternative to the Fiat-Shamir protocol[C]// The Workshop on the Theory and Application of Cryptographic Techniques on Advances in Cryptology. New York:Springer-Verlag ,1990:173-180.

[29]GIRAULT M. A (non-practical) three-pass identification protocol using coding theory[J]. Spinger Berlin Heidelberg,1990.

[30]SENDRIER N. Finding the permutation between equivalent linear codes: the support splitting algorithm[J]. IEEE Transactions on Information Theory, 2002, 46(4):1193-1203.

[31]GABORIT P, Girault M. Lightweight code-based identification and signature[C]// IEEE International Symposium on Information Theory, 2008: 191-195.

[32]CAYREL P L, Alaoui S M E Y. A zero-knowledge identification scheme based on the q-ary syndrome decoding problem[C]// International Conference on Selected Areas in Cryptography. New York:Springer-Verlag, 2010:171-186.

[33]BERNSTEIN D J. List decoding for binary goppa codes[C]// International Workshop. DBLP, 2015:62-80.

[34]FINIASZ M, SENDRIER N. Security bounds for the design of code-based cryptosystems[M]// Advances in Cryptology. Berlin:Springer, 2009:88-105.

[35]BERNSTEIN D J, LANGE T, PETERS C. Attacking and defending the

McEliece cryptosystem[C]// International Workshop on Post-Quantum Cryptography. New York:Springer-Verlag, 2008:31-46.

[36]XINMEI W. Digital signature scheme based on error-correcting codes[J]. Electronics Letters, 1990, 26(13):898-899.

[37]ALABBADI M, WICKER S B. Security of Xinmei digital signature scheme[J]. Electronics Letters, 2002, 28(9):890-891.

[38]ALABBADI M, WICKER S B. A digital signature scheme based on linear error-correcting block codes[C]// International Conference on the Theory and Application of Cryptology. Berlin:Springer, 1994:238-248.

[39]HARN L, WANG D C. Cryptoanalysis and modification of digital signature scheme based on error-correcting codes[J]. Electronics Letters,1992.

[40]MATHEW K P, VASANT S, Rangan C P. On provably secure code-based signature and signcryption scheme[J]. 2012.

[41]POINTCHEVAL D, VAUDENAY S. On provable security for digital signature algorithms[J]. General Information, 1996.

[42]CAYREL P L, OTMAN A, VERGNAUD D. On kabatianskii-Krouk-Smeets signatures[M]// Arithmetic of Finite Fields. Berlin: Springer, 2007.

[43]DALLOT L. Towards a concrete security proof of courtois, finiasz and sendrier signature scheme[M]// Research in Cryptology. New York: Springer-Verlag, 2007:65-77.

[44]FAUGERE J C, GAUTHIER-UMAN V, OTMANI A, et al. A distinguisher for high rate McEliece cryptosystems[C]// Information Theory Workshop. IEEE, 2011:6830-6844.

[45]CHAUM D. Blind signatures for untraceable payments[J]. Proc Crypto, 1983:199-203.

[46]BARRETO P S L M, MISOCZKI R. One-time signature scheme from syndrome decoding over generic error-correcting codes[J]. Journal of Systems & Software, 2011, 84(2):198-204.

[47]GABORIT P, SCHEREK J. Efficient code-based one-time signature from automorphism groups with syndrome compatibility[C]// IEEE International Symposium on Information Theory Proceedings, 2012:1982-1986.

[48]BARRETO P S L M, CAYREL P L, MISOCZII R, et al. Quasi-Dyadic CFS signatures [M]// Information Security and Cryptology. Berlin: Springer, 2010:336-349.

[49]FINIASZ M. Parallel-CFS: strengthening the CFS McEliece-based signature scheme[C]// International Conference on Selected Areas in Cryptography. New York:Springer-Verlag, 2011:159-170.

[50]SCHNORR C P. Efficient identification and signatures for smart cards[C]// Advances in Cryptology. New York:Springer-Verlag , 1989:239-252.

[51]GOPPA V D. A new class of linear error correcting codes[J]. Problemy Peredachi Informatsii, 1970, 6(3):24-30.

[52]OTMANI A, TILLICH J P. An efficient attack on all concrete KKS proposals [C]// International Conference on Post-Quantum Cryptography. New York:Springer-Verlag, 2011:98-116.

[53]CHAUM D. Blind signatures system. Advances in cryptology: proceedings of crypto 1982[C]. Heidelberg: Springer-Verlag, 1982:199-203.

[54]OVERBECK R. A step towards QC blind signatures[J]. Iacr Cryptology

Eprint Archive, 2012.

[55]YE J, REN F, ZHENG D, et al. Any efficient blind signature scheme based on error correcting codes[J]. doaj. org, 2015.

[56]WANG Q, ZHENG D, REN F. Code-based blind signature scheme[J]. Journal of Computer Applications, 2015.

[57]RIBEST R L, SHAMIR A, TAUMAN Y. How to leak a secret[C]// International Conference on the Theory and Application of Cryptology and Information Security. Berlin: Springer, 2001: 552-565.

[58]ZHENG D, LI X, CHEN K. Code-based ring signature scheme[J]. International Journal of Network Security, 2007, 5(2): 154-157.

[59]BRESSON E, STERN J, SZYDLO M. Threshold ring signatures and applications to ad-hoc groups[C]// International Cryptology Conference on Advances in Cryptology. New York: Springer-Verlag, 2002: 465-480.

[60]MELCHOR C A, CAYREL P, GABORIT P, et al. A new efficient threshold ring signature scheme based on coding theory[C]// International Workshop on Post-Quantum Cryptography. Berlin: Springer, 2008: 1-16.

[61]DALLOT L, VERGNAUD D. Provably Secure Code-Based Threshold Ring Signatures[M]// Cryptography and Coding, 2009: 222-235.

[62]CAYREL P L, MOHAMED E Y A S, HOFFMANN G, et al. An improved threshold ring signature scheme based on error correcting codes[C]// International Conference on Arithmetic of Finite Fields. 2012: 45-63.

[63]CHAUM D, VAN HEYST E. Group signatures[C]// The Workshop on the Theory and Application of of Cryptographic Techniques. Berlin: Springer, 1991: 257-265.

[64]LAGUILLAUMIE F, LANGLOIS A, LIBERT B, et al. Lattice-based group signatures with logarithmic signature size[M]// Advances in Cryptology-ASIACRYPT . Berlin:Springer, 2013:41-61.

[65]LING S, NGUYEN K, WANG H. Group signatures from lattices: simpler, tighter, shorter, ring-based[C]// IACR International Workshop on Public Key Cryptography. Berlin:Springer, 2015:427-449.

[66]NGUYEN P Q, ZHANG J, ZHANG Z. Simpler efficient group signatures from lattices[M]// Public-Key Cryptography-PKC 2015. Berlin: Springer, 2016:401-426.

[67]MA J F, CHIAM T C, KOT A C. A new efficient group signature scheme based on linear codes[J]. 2001:124.

[68]ALAMELOU Q, BLAZY O, CAUCHIE S, et al. A code-based group signature scheme[J]. Designs Codes & Cryptography, 2017, 82(1-2): 469-493.

[69]EZERMAN M F, LEE H T, LING S, et al. A provably secure group signature scheme from code-based assumptions[C]// Proceedings, Part I, of the 21st International Conference on Advances in Cryptology-ASIACRYPT 2015-Volume 9452. New York:Springer-Verlag , 2015:260-285.

[70]SHAMIR A. Identity-based cryptosystems and signature schemes[C]// The Workshop on the Theory and Application of Cryptographic Techniques. Berlin:Springer,1984:47-53.

[71]CAYREL P L, GABORIT P, GIRAULT M. Identity-based identification and signature schemes using correcting codes[J]. WCC, 2007.

[72]CAYREL P L, GABORIT P, GALINDO D, et al. Improved identity-

based identification using correcting codes[J]. Computer Science, 2009.

[73]ALAOUI S M E Y, CAYREL P L, MOHAMMED M. Improved identity-based identification and signature schemes using quasi-dyadic goppa codes[M]// Information Security and Assurance. Berlin:Springer, 2011: 146-155.

[74]YANG G, TAN C H, MU Y, et al. Identity based identification from algebraic coding theory[J]. Theoretical Computer Science, 2014, 520(2): 51-61.

[75]MACWILLIAMSF J, SLOANENJ A. The theory of error—corrcting codes[M]. North—Holland:zentralblatt—math. org,1977.

[76]GOPPA V D. Rational representation of codes and $ (L, g) $-codes[J]. Problemy Peredachi Informatsii, 1971, 7(3):41-49.

[77]GOPPA V D. Codes associated with divisors[J]. Probl. peredachi Inf, 1977, 13(1):33-39.

[78]PATTERSON N. The algebraic decoding of goppa codes[J]. IEEE Transactions on Information Theory, 1975, 21(2):203-207.

[79]BERGER T P, CAYREL P L, GABORIT P, et al. Reducing key length of the McEliece cryptosystem [C]// Progress in Cryptology-AFRICACRYPT 2009, Second International Conference on Cryptology in Africa, Gammarth, Tunisia, June 21—25, 2009. Proceedings. DBLP, 2014: 77—97.

[80]MISOCZKI R, BARRETO P S L M. Compact McEliece keys from goppa codes[C]// Selected Areas in Cryptography. Berlin:Springer, 2013:376-392.

[81]BARG S. Some new NP-complete coding problems[J]. Probl. peredachi

Inf, 1994, 30(3):23-28.

[82]STERNJ. A new paradigm for public key identification[M]. Washington: IEEE Press,1996.

[83]GILBERT E N. A comparison of signaling alphabets[J]. Bell System Technical Journal, 1952, 31(31):504-522.

[84]VARSHAMOV R R. Estimate of the number of signals in error correcting codes[J]. Dokl. akad. nauk. sssr, 1957, 117(5):739-741.

[85]WAGNER D. A generalized birthday problem[M]// Advances in Cryptology. Berlin:Springer, 2002:288-304.

[86]PRANGE E. The use of information sets in decoding cyclic codes[J]. Ire Transactions on Information Theory, 1962, 8(5):5-9.

[87]PETERS C. Information-st decoding for linear codes over F, q[M]// Post-Quantum Cryptography. Berlin:Springer, 2010:3759-3763.

[88]NIEBUHR R, CAYREL P L, BULYGIN S, et al. On lower bounds for information set decoding over Fq [C]// Proceedings of the 2nd International Conference on Symbolic Computation and Cryptography-SCC. Springer, 2010: 143-157.

[89]Bernstein D J, LANGE T, PETERS C. Smaller decoding exponents: ball-collision decoding[C]// Conference on Advances in Cryptology. New York:Springer-Verlag, 2011:743-760.

[90]BECKER A, JOUX A, MAY A, et al. Decoding random binary linear codes in 2(n/20): how 1+1=0 improves information set decoding[J]. Springer Berlin Heidelberg,2012, 7237:520-536.

[91]MAY A, MEURER A, THOMAE E. Decoding random linear codes in O

(20.054n) [M]// Advances in Cryptology-ASIACRYPT 2011. Berlin: Springer, 2011:107-124.

[92]BELLARE M. Random oracles are practical: a paradigm for designing efficient protocols[C]// ACM Conference on Computer and Communications Security. ACM, 1993:62-73.

[93]LI Y X, DENG R H, WANG X M. On the equivalence of McEliece's and Niederreiter's public-key cryptosystems[M]. IEEE Press, 1994.

[94]SURHONE L M, TENNOE M T, HENSSONOW S F. Full domain Hash[M]. Mauritius: Betascript Publishing, 2010.

[95]POINTCHEVAL D, STERN J. Provably secure blind signature schemes [J]. Proceedings of Asiacrypt, 1996, 1163:252-265.

[96]RUCKERT M. Lattice-Based blind signatures[C]// International Conference on the Theory and Application of Cryptology and Information Security. Berlin: Springer, 2010:413-430.

[97]CHOW S S M, HUI L C K, YIU S M, et al. Two improved partially blind signature schemes from bilinear pairings[J]. Proc ACISP, 2005, 3574:316-328.

[98]SHOUP V. Sequences of Games: A tool for taming complexity in security proofs[J]. Iacr Cryptology Eprint Archive, 2004.

[99]GABORIT P, ZEMOR G. Asymptotic improvement of the Gilbert-Varshamov bound for linear codes[J]. IEEE Transactions on Information Theory, 2008, 54(9):3865-3872.

[100]SCHECHTER S. On the inversion of certain matrices[J]. Mathematical Tables & Other Aids to Computation, 1959, 13(66):73-77.

[101]CANTEAUT A，CHABAUD F. A new algorithm for finding minimum-weight words in a linear code：application to McEliece's cryptosystem and to narrow-sense BCH codes of length 511[J]. IEEE Transactions on Information Theory，1998，44(1)：367-378.

[102]COCKS C. An identity based encryption scheme based on quadratic residues[C]// Cryptography & Coding，Ima International Conference，Cirencester. Cambridge University Press，2015：360-363.

[103]SENDRIER N. On the security of the McEliece public-key cryptosystem [M]// Information，Coding and Mathematics. Berlin Springer，2002：141-163.